山东省自然科学基金重点项目(ZR2020KE023)资助

# 矿井三维高密度电法探测技术及其应用

翟培合　　施龙青　　高卫富
　　　　　　　　　　　　　　　著
邱　梅　　徐东晶　　谢建华

U0324200

中国矿业大学出版社

·徐州·

## 内 容 提 要

本书在充分了解国内外矿井地球物理探测理论和方法的基础上,阐述了矿井三维高密度电法勘探原理、反演理论及其可视化成像原理。针对防治煤矿突水灾害,开发研制出了矿井三维高密度电法探测技术,该技术的现场应用实例,证明了该技术在工作面采前和工作面推进过程中煤层顶板、底板、巷道超前及侧向等地层富水性探测结果与实际情况相吻合,同时也验证了该技术在采空区探测、地下岩溶探测、注浆效果探测等方面应用的有效性,丰富了矿井地球物理探测理论和煤矿水害防治技术。

本书可供矿井生产现场技术人员、科研院所及高校研究人员阅读和参考。

**图书在版编目(C I P)数据**

矿井三维高密度电法探测技术及其应用/翟培合等
著.—徐州:中国矿业大学出版社,2022.12
ISBN 978 - 7 - 5646 - 5665 - 2

Ⅰ.①矿… Ⅱ.①翟… Ⅲ.①矿井—电法勘探 Ⅳ.
①P631.3

中国版本图书馆 CIP 数据核字(2022)第 221533 号

| | |
|---|---|
| 书　　名 | 矿井三维高密度电法探测技术及其应用 |
| 著　　者 | 翟培合　施龙青　高卫富　邱　梅　徐东晶　谢建华 |
| 责任编辑 | 李　敬 |
| 出版发行 | 中国矿业大学出版社有限责任公司 |
| | (江苏省徐州市解放南路　邮编 221008) |
| 营销热线 | (0516)83884103　83885105 |
| 出版服务 | (0516)83995789　83884920 |
| 网　　址 | http://www.cumt.com　E-mail:cumtpvip@cumtp.com |
| 印　　刷 | 苏州市古得堡数码印刷有限公司 |
| 开　　本 | 787 mm×1092 mm　1/16　印张 8.5　字数 162 千字 |
| 版次印次 | 2022 年 12 月第 1 版　2022 年 12 月第 1 次印刷 |
| 定　　价 | 50.00 元 |

(图书出现印装质量问题,本社负责调换)

# 前　言

　　煤矿突水灾害严重威胁着煤矿的安全生产,开发能够精确查明煤矿致灾水源的矿井地球物理探测方法对煤矿水害的防治具有重大意义。本书在充分了解国内外矿井地球物理探测理论和方法的基础上,分析了含煤地层的电阻率特征及其影响因素,结合全空间稳定电流场分布规律,在常规矿井直流电法探测方法基础上,研发出了矿井三维高密度电法探测技术,简称为矿井三维电法探测技术。该技术包括井下巷道数据采集电极装置排列的优化、电阻率三维反演程序的开发和三维可视化交互解释程序的开发三个部分。矿井三维电法探测能够获得巷道周围含煤地层的电阻率三维数据体,对数据体交互显示,提高低阻异常圈定的准确度,查明煤矿致灾水源的分布。目前,矿井三维电法探测技术在煤矿工作面顶板、底板、巷道超前及侧向等地层富水性探测,工作面开采顶板地层富水性动态监测,底板含水层注浆效果检测,采空区、岩溶探测等方面得到了充分应用。实践证明,该技术探测效果与实际情况吻合度高。矿井三维电法探测技术丰富和发展了矿井地球物理探测理论和煤矿水害防治技术。

　　本书编写过程中得到了陈颙院士、杨锋杰教授、郭建斌副教授、李守春副教授、尹会永教授、于小鸽副教授、杨思通副教授等的大力支持和帮助,在此表示感谢。感谢新汶矿业集团、肥城矿业集团、兖州矿业集团、济宁矿业集团、徐州矿务集团等众多煤炭企业给予的大力支持。感谢山东科技大学矿井水害防治创新团队的所有成员及历届博士生、硕士生数年来不辞劳苦地在全国各地矿井开展科研工作。本书出版得到山东科技大学地球科学与工程学院学科专业经费资助,在此表示感谢。

　　由于作者水平有限,本书还存在着许多不足和疏漏之处,敬请读者批评指正。

作　者
2021 年 11 月

# 目　　录

**1　绪论** ……………………………………………………………… 1

　　1.1　研究意义 …………………………………………………… 1

　　1.2　国内外研究现状 …………………………………………… 4

　　1.3　主要研究内容与研究技术路线 …………………………… 7

**2　矿井三维电法探测原理** ……………………………………… 12

　　2.1　含煤地层的主要电性特征 ………………………………… 12

　　2.2　矿井直流电法勘探的工作原理 …………………………… 17

　　2.3　矿井三维电法探测技术 …………………………………… 20

**3　矿井三维电法探测反演理论** ………………………………… 23

　　3.1　反演综述 …………………………………………………… 23

　　3.2　地球物理反演理论 ………………………………………… 24

　　3.3　最小二乘法曲线拟合 ……………………………………… 28

　　3.4　有限单元法 ………………………………………………… 32

　　3.5　有限差分法 ………………………………………………… 40

　　3.6　井下三维电法反演程序 …………………………………… 45

**4　矿井三维电法可视化成像** …………………………………… 55

　　4.1　三维可视化绘制原理 ……………………………………… 55

　　4.2　井下三维电法可视化成像软件 …………………………… 59

**5　矿井三维电法探测应用效果分析** …………………………… 62

　　5.1　工作面顶板地层富水性探测 ……………………………… 62

　　5.2　工作面底板地层富水性探测 ……………………………… 66

5.3 工作面顶板地层富水性动态监测 …………………………………… 71

5.4 超前探测 ……………………………………………………………… 90

5.5 矿井巷道侧向探测 …………………………………………………… 95

5.6 工作面底板含水层注浆质量检测 …………………………………… 99

5.7 采空区探测 …………………………………………………………… 102

5.8 岩溶探测 ……………………………………………………………… 112

**6 主要结论及创新点** ……………………………………………………… 114

6.1 主要结论 ……………………………………………………………… 114

6.2 创新点 ………………………………………………………………… 115

**参考文献** ……………………………………………………………………… 117

# 1 绪 论

## 1.1 研究意义

本书课题来源于山东省自然科学基金重点项目,以及山东科技大学与新汶矿业集团有限责任公司、兖州煤业股份有限公司、肥城矿业集团有限责任公司、上海大屯能源股份有限公司、河南龙宇能源股份有限公司、冀中能源股份有限公司、徐州矿务集团有限公司等煤炭企业合作进行的众多煤矿水害防治课题。

我国能源资源的一个基本特点是富煤、贫油、少气。在 21 世纪前 50 年内,我国能源的发展趋势仍将以煤炭为主。随着石油、天然气资源的日渐短缺和洁净煤技术的进一步发展,煤炭的重要性和地位还会逐渐提升。根据我国资源状况和煤炭在能源生产及消费结构中的比例,以煤炭为主体的能源结构在相当长一段时间内不会改变。我国能源资源的基本特点决定了煤炭在一次能源中的重要地位。我国煤炭资源总量为 5.9 万亿 t,其中已探明储量为 2.02 万亿 t,占世界总储量的 12%。自中华人民共和国成立以来,我国一直是以煤炭为主要消费能源的国家,煤炭曾在我国能源结构中的比例长期占 60%～70%,且在未来的几十年内,煤炭仍将是我国最安全、最经济、最可靠的主体能源。随着高新技术的推广应用,煤炭生产成本持续下降,洁净煤技术取得重大突破,煤炭越来越会成为廉价、洁净、可靠的能源,也将进一步凸显其在我国国民经济中的重要地位。

煤矿的安全生产受到瓦斯爆炸、煤矿水害、顶板垮落、煤矿火灾、煤尘五大灾害严重威胁,其中煤矿水害威胁严重程度仅次于瓦斯爆炸,在五大灾害中位列第二,由其造成的经济损失和人员伤亡极为严重。例如,1935 年 5 月 13 日,山东淄博北大井巷道掘至与河水连通的断层带造成突水,最大瞬时水量 648 m³/min,536 名矿工遇难,矿井停产报废,直到 1978 年才恢复矿井生产。1984 年 6 月 2 日,开滦范各庄矿 2171 综采工作面发生世界采矿史上罕见的陷落柱突水事故,最大突水量 2 053 m³/min,致使范各庄矿及其周边三对矿井被很快淹没。为救灾复矿,相关部门调集了当时基本上是全球范围内最权威的防治水专家和世界上最大的抽水泵进行抢险,并进行规模空前的地面注浆封堵工程,水患治理及相关工作历时 1 年左右,直接经济损失超过 5 亿元。

为确保煤矿的安全生产,最大限度地降低煤矿水害威胁,近几十年来国内的科研院校及煤矿企业的科研人员提出了一系列矿井水害防治理论及技术。这些理论和技术的核心都是要准确查明煤矿水害的水源及导水通道的分布,包括顶板岩层、底板岩层、老窑、采空区等的富水性,以及断层、陷落柱、火成岩体等的导水性。

因为电磁类物探方法的物理基础是地下岩矿石的导电性,即地下岩矿石富水则其导电性增强,电阻率降低,形成明显的低阻异常,所以电磁类物探方法对水源灾害引起的电阻率变化反应明显,是目前煤矿水害防治的首选物探方法。电磁类物探方法按其施工空间可分为地面电磁类物探方法和矿井电磁类物探方法。

地面电磁类物探方法在地面实施。由于距离探测的水文地质目标较远,一般在 200~1 000 m,即在开采煤层埋深附近,所以在纵向和横向上的分辨率大大降低,严重影响了探测精度和探测结果的可靠性。该方法目前只用于矿井和采区水文地质勘探,而不能用于解决煤矿工作面回采和巷道掘进中遇到的水文地质问题。

矿井电磁类物探方法在煤矿井下巷道内实施。由于距离探测的水文地质目标近,所以信号响应强,分辨率、探测精度高,探测结果可靠。目前该方法广泛应用于煤矿水害探测中。常见的矿井电磁类物探方法为矿井常规直流电法、矿井瞬变电磁法和矿井音频电透视法,三种方法的特点总结如下。

(1)矿井常规直流电法包括矿井电测深法、矿井电剖面法和矿井二维高密度电法。因为该方法观测的是直流电源建立的空间稳定电流场,所以其抗干扰能力强,井下铁轨、锚网、电缆等金属物均不会对其形成干扰,获得的数据稳定可靠。但该方法探测深度取决于供电极距,要增加探测深度必须要加大供电极距,由于井下巷道空间长度的限制,有时无法达到需要的探测深度,在巷道两端也容易形成探测盲区。

(2)矿井瞬变电磁法因操作便捷而得到较为广泛的应用,但是该方法在理论研究方面尚不完善,如多匝小股线圈的相互感应、工作电流不能过大、受空间限制项圈尺寸不能过大、全空间效应、探测盲区大等难题都未解决。此外,该方法抗干扰能力差,巷道内的铁轨、锚网、电缆等金属物均会对其形成显著干扰,因此该方法目前在矿井水探测中的准确度和可靠性均不佳,技术尚不成熟。

(3) 矿井音频电透视法在煤矿采煤工作面顶板、底板含水层富水性探测方面取得了较好的应用效果,但目前该方法在理论上还没有建立起探测深度与电磁场频率的对应关系,对于不同深度地电参数的影响规律也不清楚。

上述三种类型的电磁类矿井物探方法各有优点,同时又都存在着许多不足,尤其是在开采深部煤层时,因煤层埋深大、地质构造复杂、隔水层厚度不足等不利探测因素的影响,上述探测方法获得的成果只能作为煤矿水害防治工作决策的参考资料,还达不到煤矿水害防治工作决策所需的精细勘查成果要求。由于对矿井水害水源分布及隐蔽性导水构造的精细探查技术不足,煤矿水害事故长期得不到有效遏制。因此,研发精准、有效的矿井水害地球物理探测技术和方法势在必行,矿井三维电法探测技术就是其中之一。

矿井三维电法探测技术是以煤层顶板、底板地层的电性差异为物理基础,人工建立空间稳定直流电场,通过在井下巷道内布设电极网格,观测与研究电极网格下煤层顶板、底板地层电阻率变化规律,查明与煤层顶板、底板地层电阻率变化有关的各类地质问题,尤其是煤矿水害问题,属于一种新型矿井直流电法探测技术。

矿井三维电法探测技术的发明主要得益于我国电子产品制造业和计算机科学的飞速发展。矿井三维电法需要在井下巷道内采集"海量级"电场分布数据,这在手动采集数据的时代是根本不能实现的。电子产品的自动化采集及数据的数字化传输使得"海量级"数据获得变为现实,而计算机内存和运算速度的大幅提高也使矿井三维电法电阻率反演得以实现。

矿井三维电法探测技术主要包括矿井三维电法数据采集、矿井三维电法电阻率三维反演和三维电阻率数据体可视化显示,目前在开采工作面顶板地层富水性探测、底板地层富水性探测、巷道掘进迎头超前探测、巷道侧向探测、采空区探测以及工作面顶板、底板地层富水性动态监测等领域均获得了良好的探测效果,和其他矿井电磁类物探方法相比,其具有以下优点:

(1) 利用的是直流电场,属于矿井直流电法的范畴,因此该方法抗干扰能力强,井下游散电流及巷道内的铁轨、锚网、电缆等金属物均不会对其形成干扰,采集数据稳定可靠。

(2) 能够反演得到工作面内部,甚至中间位置的顶板、底板地层电阻率信息,不存在探测盲区。目前其他矿井物探方法在这方面尚未实现。

（3）探测范围大。其探测范围能达到工作面顶板上、底板下各 280 m。

（4）探测方式灵活,应用范围广,在工作面顶板、底板、巷道掘进超前、巷道侧向均能进行探测。

（5）电阻率数据体显示直观、清晰,解释成果方便应用,即使非专业人员也能看懂。

三维电法探测技术是一种全新的矿井物探技术,在理论基础研究、技术应用流程及应用效果等方面都有所突破,丰富和发展了煤矿水害探测技术,提高了煤矿水害探测的准确度,不仅具有重要的理论研究意义,而且具有广泛的实际应用价值。

# 1.2　国内外研究现状

### 1.2.1　矿井直流电法研究现状

早在 20 世纪 60 年代,苏联学者即将直流电法应用于煤矿井下勘探。经过多年探索,他们积累了矿井直流电法勘探工作的丰富经验,解决了与煤矿安全、生产有关的众多地质问题,包括煤层小构造探测、矿井水文地质条件调查、煤层界面起伏和煤层尖灭探测、冲刷带探测、顶板稳定性评价、矿压监测、岩煤突出预报、巷道变形监测等。20 世纪 80 年代初,苏联制定了高阻煤层和低阻煤层的矿井直流电法勘探工作规范,并具体规定了矿井对称四极和三极电测深法、矿井电剖面法和巷道间直流电透视法,以及点源梯度法的施工方法与技术。1990 年以来,俄罗斯莫斯科大学地球物理研究室为探测低阻无烟煤煤层中的小构造,开展了井下矢量电阻率法的研究工作,为判定地电异常体的空间位置探索了一条有效途径,并在非接触式电法测量技术、总场测深技术(TES)、电各向异性特征研究等方面做了大量工作。

匈牙利重工业技术大学学者 Csokfis 等重点研究了用于探测高阻煤层内小构造的直流电测深技术,在探测煤层含水构造、圈定煤层变薄区等方面取得了成功经验。日本学者 Sasaki 曾应用巷道与地面间的电阻率成像技术研究断裂构造和金属矿床的赋存状态。

1958 年,我国煤炭工业部地勘司在京西矿区万佛堂平硐首次进行了井下电法试验,随后北京矿务局、淮北矿务局相继开展井下试验工作。20 世纪 70 年代,矿井直流电法的应用与研究一度中断,直到 80 年代后期,由于矿井突水问题日趋严重,煤炭科学研究总院西安分院、唐山分院以及淮北矿务局、峰峰矿务局、邯郸矿务局、河北煤炭研究所、中国矿业大学等单位才逐步恢复了矿井电法勘探的研究工作。其间,邯郸矿务局获得了矿井电测深技术方面的国家专利。煤炭科学研究总院重庆分院左德坤翻译并发表了许多反映国外矿井电法勘探新进展的文章。中国矿业大学在淮北、徐州两矿区,煤炭科学研究总院西安分院在焦作、肥城等生产矿区,河北煤炭研究所、煤炭科学研究总院唐山分院在河北省多个生产矿区分别进行了大量井下技术试验工作。1990—1996 年间,以矿井突水探测为重点,国内各单位在我国东部矿区进行了大量井下技术试验工作,积累了开展矿井电法工作的实践经验。此外,河北煤炭研究所、邯郸矿务局等单位还进行了矿井电法掘进头超前探测试验,中国地质矿产部岩溶地质研究所在我国南方煤矿进行了矿井水物探勘查工作。中国铁道部勘查院学者钟世航等在淮北矿务局进行了井下微分测深法探测残留煤层厚的试验工作。煤炭科学研究总院西安分院与中国地质大学合作研究了井下水平钻孔电法探测煤层厚技术。这一阶段,采前单巷道矿井电法勘探工作渐趋规范,一些具有矿井特色的方法与技术,如岩体电阻率法、电测深法、直流电透视法、超前探测技术等,开始应用于井下实践。岳建华曾系统地阐述了这一时期矿井电法勘探技术在煤层底板突水探测中的应用与发展状况。

1996 年以后,煤炭科学研究总院西安分院矿井电法研究室开始研究巷道间直流电透视技术,旨在探测工作面上、下方隐伏突水构造。山东科技大学于师建等将矿井电法勘探技术应用于突水构造优势面理论研究中。

20 世纪末 21 世纪初期,对于矿井电法勘探技术的研究越来越多,以煤炭科学研究总院西安分院、中国矿业大学、山东科技大学等为代表的研究单位在矿井电法勘探技术的研发与应用方面做出了很大的贡献。

### 1.2.2 高密度电法仪器研究现状

从仪器的采集原理分析可知,传统的高密度电法采集仪器除了具有常规的电法测量功能外,另一核心功能就是实现电极的自动转换。早期高密度电法仪器的发展,其实就是不同厂家推出各式各样电极转换开关的发展。电极转换开关主要分为三类:机械式电极转换开关、电子式电极转换开关及分布式智能转换电极。其中机械式电极转换开关主要见于早期的高密度电法仪,由人工手动进行电极转换,之后发展为由微机控制的继电器电极转换,从而实现了野外数据的自动采集。后来随着电子技术的发展,能够实现电子电极转换,发展出电子式电极转换开关。再后来部分厂家把电极转换功能分布在各个电极上,有些甚至把信号转换功能(A/D 转换部分)分布在各个电极上,实现了分布式智能转换电极。目前第一类机械式电极转化开关已经被淘汰,后两类电极转换开关仍在广泛使用,且不同厂家研发的电法仪及其转换开关种类繁多、性能各异、各有千秋。其中分布式智能转换电极是近些年来推出的新型高密度电法勘探仪器,正处于不断发展和改进之中。根据收集到的资料,对国内外的电法仪器分析如下。

### 1.2.2.1 国外仪器

国外生产高密度电法仪的公司主要有瑞典的 ABEM 公司、日本的 OYO 公司、法国的 IRIS 公司、美国的 AGI 公司和 ZONGE 公司、德国的 DMT 公司等。美国的 ZONGE 公司推出的 GDP-32 仪器是一种多功能电法设备,可以进行多种方法的野外测量,如 Resistivity、TD/FDIP、CR、CSAMT 等,其中高密度电法采集功能可同时进行 16 个通道测量,GDP-32 仪器将电法仪与转换开关组合在一个箱体内。2002 年 12 月,美国的 AGI 公司出品一款将电极与转换开关结合在一起的新仪器,即把转换开关分布在各个电极上,实现了分布式高密度电法测量。

德国 DMT 公司研制生产的 RESECS 高密度电法仪也是一种分布式高密度电法测量设备,其将转换开关功能分布在各个电极或解码器上,其主机有 1 个电流测量通道和 6 个电位测量通道。野外测量时,主机发送命令或编码给各个解码器,由解码器根据编码命令选择 1 对接地电极作为供电电极,选择 6 对其他接地电极作为测量电极,实现同时测量。RESECS 高密度电法仪最多可连接 960 个电极,外接电源最大电压 440 V,A/D 转换精度为16 位。

### 1.2.2.2 国内仪器

自从引进高密度电法以来,国内有不少仪器生产厂家进行了该方面的理论、方法、技术和仪器制造的研究工作。1994 年《地学仪器》杂志上发表文章,报道了原地质矿产部机电研究所研制的 GHI 高密度电法仪。该仪器将机械电极转换开关改进成了由单片机控制的电子转换开关。重庆地质仪器厂和重庆奔腾数控研究所等厂家生产的高密度电法仪也是利用了该技术。武汉大高科资源探测研究所推出的 CUGBGM-2 高密度电法仪采用了8 通道采集技术,西安澳立华公司推出的 FlashRES64 高密度直流电法仪采用了 61 通道同时采集数据,野外采集效率大大提高。从仪器结构来看,国内生产的高密度电法仪大多属于电法仪和电极转换开关集中在一起的集中式采集系统,有少数厂家也已推出分布式高密度电法仪器。

从目前的资料分析来看,大多数厂家生产的高密度电法仪采用嵌入式微处理器(MCU)作为处理器和采集电路模块作为电法仪的主机系统,也有个别厂家采用 PC 工控机集成采集板构成电测主机,多路转换开关亦采用微处理器(MCU)控制。从结构上分析,大多数高密度电法仪属于集中式,电极与电缆一一对应,一般需要 30 芯以上的多芯电缆与转换开关相连。部分厂家推出的分布式高密度电法仪把电极转换开关分布在各个电极上,如 RESECS 仪器的解码器,这样处理能极大地减少电缆芯数。

大多厂家推出的电法仪器都能自动补偿自然电位(SP)漂移,采用滤波和信号增强技术提高抗干扰能力,但鲜见有仪器具有性能自检功能,如串音干扰、共模抑制、一致性等检测。特别需要指出的是:由于直流电法测量中存在供电后极化长时间不稳问题,有的厂家推出的仪器除了可采用直流供电外,也可采用正弦或方波激电供电,从而消除或减少极化对测量精度的影响。

高密度电法主要用于地质结构的二维剖面测量,其特点是施工快捷、采集数据量大、分辨率高、可靠性强、图像直观。由于探测的目标在地下具有三维空间展布特征,仅仅依靠简单的二维剖面图像不能直观精确地反映探测目标的空间分布,所以必须建立以高密度电法参数为依据的地质体三维地电模型,即实现三维电法探测,才能有望达到"透明地球"勘探的要求。

# 1.3 主要研究内容与研究技术路线

## 1.3.1 主要研究内容

### 1.3.1.1 含煤地层电性特征分析

煤矿井下巷道周围含煤地层与探测目标体之间电阻率的差异是矿井电法勘探的物理基础,含煤地层电阻率受岩性、水分、压力、温度、结构等多种因素的影响,其中水分、压力的影响尤为重要。由于含煤地层中的岩层水富含导电离子,这些离子在水溶液中可以自由移动,因而富水的含煤地层电阻率将显著降低,且富水性越强,导电离子数量越多,含煤地层电阻率值越低,形成的低阻异常越明显。该特征能够用来识别巷道周围含煤地层中的致灾水源,包括巷道顶板、底板、前、后、左、右等,为防治矿井突水提供精确的基础数据。压力能够破坏含煤地层的原生结构,具体表现为岩石压实、孔隙收缩、颗粒接触面积增大、形成裂隙组、个别区域之间黏结性减小等,这些变化均能引起含煤地层电阻率的改变,如岩石压实、孔隙收缩可导致电阻率升高,形成裂隙组可导致电阻率降低。煤层开采在井下形成采空区,破坏了含煤地层原始稳定状态,导致矿山压力重新分布,这种重新分布必将引起含煤地层电阻率的改变,通过观测研究采煤位置周围含煤地层电阻率的分布特征和变化规律,能够获得顶板覆岩运动规律和底板岩层破坏特征。

### 1.3.1.2　矿井稳定电流场特征分析

在煤矿井下巷道内通过两个供电电极接通直流电源建立全空间稳定电流场。该电场在巷道内的分布除了与供电电极距和供电电流有关外,主要取决于巷道周围含煤地层的电阻率分布。也就是说巷道内的稳定电流场分布特征包含了巷道周围含煤地层的电阻率信息,这些电阻率信息反映了巷道顶板、巷道底板、巷道前方、巷道侧向地层的富水性。通过观测研究巷道内的稳定电流场分布特征,采取一定的信息提取技术,提取出巷道周围含煤地层的电阻率信息,进而获得巷道周围含煤地层内致灾水源的分布信息,这正是矿井直流电法勘探的任务。

### 1.3.1.3　矿井三维电法探测数据采集技术研究

数据采集是进行解释的基础,数据采集工作的好坏直接影响解释成果的准确性,三维电法探测要求采集尽可能多的能反映空间直流电场分布的数据信息。受井下空间限制,采集电极排列只能布设在井下巷道内,而不能像地面电法勘探那样根据需要任意布设。如何利用煤矿巷道空间,合理布设电极排列,设计出适合煤矿井下环境的矿井三维电法探测数据采集装置排列和观测系统,以确保最大量地采集井下巷道空间内的电场分布数据信息,这对于矿井三维电法探测来说至关重要。

### 1.3.1.4　矿井三维电法探测数据反演理论研究

在矿井三维电法探测中,数据反演是利用在井下巷道观测到的稳定电流场分布信息,推测巷道周围含煤地层电阻率的空间分布规律和变化特征。矿井三维电法探测数据反演方法为圆滑约束最小二乘反演方法。该方法是一种比较成熟的最优化反演方法,在物探资料的反演中已经得到广泛的应用。程序使用了基于准牛顿最优化非线性最小二乘新算法,使得在大数据量下的计算速度较常规最小二乘法快 10 倍以上,不仅占用内存较小,而且可以调节阻尼系数和圆滑滤波器以适应不同类型的资料。

### 1.3.1.5　矿井三维电法可视化成像技术研究

井下三维电法可视化成像软件能对数据反演出的电阻率三维数据体进行可视化立体成图,它支持多种数据文件格式,应用范围广泛。该软件具有强大的功能,能够很好地支持数据和视觉的交互解释,能将井下三维电法反演软件生成的数据体文件转换为立体图,用不同的色标来反映岩石电阻率分布特征,根据需要将立体图进行任意切片或分块分割处理,从而满足资料解释的需要,获得很好的探测解释效果。

### 1.3.1.6　工作面顶板地层富水性三维电法探测研究

华北型煤田二叠纪煤层顶板由砂岩类和泥质岩类构成,受构造、岩性、沉积环境等因素影响,其富水性存在较大差异,煤层开采受到顶板水害威胁。应用矿井三维电法探测技术对工作面顶板砂岩地层富水性进行采前探测,最大探测高度可达工作面顶板以上280 m,已远大于工作面采空区覆岩"上三带"高度。构建顶板砂岩地层电阻率三维数据体,精确查明煤层顶板地层的富水性及其水力联系,圈定顶板砂岩地层的富水区域,对防止工作面顶板突水意义重大。

### 1.3.1.7 工作面底板地层富水性三维电法探测研究

华北型煤田的沉积基底为奥陶纪石灰岩地层,即通常所说的奥陶系灰岩,或者"奥灰",曾长时间暴露于地表,接受风化剥蚀,内部岩溶十分发育,富含承压水。华北型煤田的下组煤多数位于石炭系下部,距离奥陶系灰岩较近,隔水层厚度不足、存在导水构造等因素容易造成工作面底板奥灰突水,严重威胁着煤矿的安全生产。奥陶系灰岩岩溶裂隙发育且富水和隔水层厚度不足或存在导水构造,是导致奥灰突水的两个必要条件。岩溶裂隙发育且富水又是一个至关重要的条件。如果奥灰完整则不存在含水空间,就没有奥灰突水的水源,即使存在隔水层厚度不足或存在导水构造等突水通道因素,也不会发生矿井底板突水。在下组煤工作面开采前,应用矿井三维电法探测技术对工作面底板奥灰富水性进行采前探测,构建工作面底板电阻率三维数据体,利用切片技术分析三维电阻率数据体内部的低阻异常,查明奥灰地层岩溶裂隙发育的富水性,圈定奥灰富水区域,对防止工作面奥灰突水意义重大。矿井三维电法底板探测最大深度可达底板以下280 m。

### 1.3.1.8 工作面顶板地层富水性三维电法动态监测研究

工作面开采迎头后方形成采空区。采空区上覆岩石在矿山压力作用下发生运动,自下而上形成垮落带、裂隙带、弯曲下沉带,即所谓"上三带"。"上三带"改变了上覆岩石原始结构,可导致顶板岩层中水重新分布。在断层活化、裂隙带突然增大等特殊情况下,会沟通更高位的周边含水体,形成工作面突水。应用矿井三维电法探测方法动态监测工作面开采形成的"上三带"分布状态及顶板水的运移过程,尤其是工作面初次来压和采空区接近正方形等关键位置时的工作面覆岩富水性,对防止工作面顶板突水意义重大。

### 1.3.1.9 巷道掘进三维电法超前探测研究

煤矿井下巷道掘进前方往往存在导水断层、陷落柱、采空区等富水地质构造,巷道掘进如果不慎揭露这些危险地质构造,必然会发生突水事故。巷道掘进前应用矿井三维电法技术,探明掘进迎头前方的不良地质构造及其地层的富水性,能够有效避免巷道突水事故的发生,确保煤矿井下巷道掘进安全进行。矿井三维电法超前探测最大距离可达 150 m。

### 1.3.1.10 巷道侧向地层富水性三维电法探测研究

矿井井下巷道旁侧存在导水断层、采空区、火成岩侵入体等富水构造，巷道掘进及工作面开采等人为活动能够引起矿山压力的重新分布，顶、底板岩层遭到破坏并发生运动，在一定情况下巷道旁侧富水构造中的承压水涌入巷道，发生突水事故。应用矿井三维电法探测技术在巷道空间内查明旁侧存在的富水构造及其富水性，能够起到防止矿井突水的作用。矿井三维电法侧向探测最大距离可达 200 m。

### 1.3.1.11 工作面底板含水层注浆质量三维电法检测研究

华北型煤田下组煤与奥灰地层之间大多存在薄层灰岩含水层，薄层灰岩厚度 5～10 m，裂隙岩溶发育，与下伏的奥灰含水层间距较小，一般存在水力联系。在下组煤与奥灰间距较小、中间隔水层厚度不足的情况下，可通过对薄层灰岩注浆改造，把薄层灰岩含水层变为隔水层，增加奥灰水的隔水层厚度，确保奥灰不会突水。如果薄层灰岩注浆改造存在质量问题，薄层灰岩中仍然存在未被注实且与奥灰水存在水力联系的岩溶裂隙，该位置将会形成奥灰突水。应用矿井三维电法探测技术检测薄层灰岩注浆改造质量，发现注浆隐患，对隐患区域进一步进行注浆加固，确保薄层灰岩注浆改造效果，对防止奥灰突水意义重大。

### 1.3.1.12 采空区三维电法探测研究

在矿产资源开采过程中会形成大小不一、深度不一、形状各异的采空区。采空区是矿产资源采出后残留地下的空洞。采空区破坏了原始地层的稳定性，其变形将使上覆岩层因失去支撑而下落形成塌陷，不仅会引起地表建筑物沉降和地面裂缝，还会诱发滑坡、塌方、泥石流等地质灾害，对生态环境破坏极大。应用三维电法探测技术查明地下采空区的内部结构、分布范围及其稳定性，对采空区的有效治理及确保采空区上人类活动安全进行意义重大。

### 1.3.1.13 灰岩岩溶三维电法探测研究

在我国版图范围内有大面积的石灰岩分布区，石灰岩在长时间的风化、剥蚀、水动力等因素综合作用下会发生溶蚀现象。岩溶裂隙破坏了石灰岩的完整结构，导致其承载力和稳定性均大幅度下降，在地下水位下降的情况下极易形成岩溶塌陷，这对该地区道路、桥梁、地面建筑物等工程建设构成很大的威胁。应用三维电法探测技术查明石灰岩中的岩溶发育情况，对岩溶裂隙发育区进行有效治理，可确保地面工程建设顺利安全进行。

## 1.3.2　研究技术路线

研究技术路线见图 1-1。

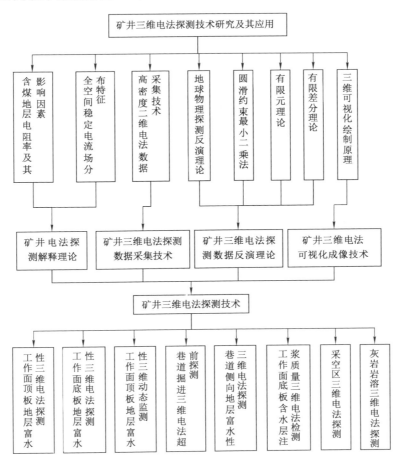

图 1-1　技术路线流程图

# 2 矿井三维电法探测原理

## 2.1 含煤地层的主要电性特征

 岩层与岩层之间、岩层与煤层之间的电阻率差异是在煤矿井下巷道中进行直流电法探测的物理基础。了解岩石和煤的电阻率及其影响因素,对于合理开展矿井直流电法探测工作、正确进行直流电法资料解释具有重要意义。

### 2.1.1 岩石的电阻率

 由均匀材料制成的具有一定横截面积的导体,其电阻 $R$ 与长度 $L$ 成正比,与横截面积 $S$ 成反比,即

$$R = \rho \frac{L}{S} \tag{2-1}$$

式中,$\rho$ 为比例系数,称为物体的电阻率。电阻率仅与导体材料的性质有关,是衡量物质导电能力的物理量。不同岩石的电阻率变化范围很大,常温下可从 $10^{-8}$ $\Omega \cdot m$ 变化到 $10^{15}$ $\Omega \cdot m$,与岩石的导电方式不同有关。岩石的导电方式大致可分为以下四种:

 (1)石墨、无烟煤及大多数金属硫化物主要依靠所含的数量众多的自由电子来传导电流,这种传导电流的方式称为电子导电。由于石墨、无烟煤等含有大量的自由电子,故它们的导电性相当好,电阻率非常低,一般小于 $10^{-2}$ $\Omega \cdot m$,是良导电体。

 (2)岩石孔隙中通常都充满水溶液,在外加电场的作用下,水溶液中的正离子(如 $Na^+$、$K^+$、$Ca^{2+}$ 等)和负离子(如 $Cl^-$、$SO_4^{2-}$ 等)发生定向运动而传导电流,这种导电方式称为孔隙水溶液的离子导电。沉积岩的固体骨架一般由导电性极差的造岩矿物组成,所以沉积岩的电阻率主要取决于孔隙水溶液的离子导电,一切影响孔隙水溶液导电性的因素都会影响沉积岩的电阻率,如岩石的孔隙度、孔隙的结构、孔隙水溶液的性质和浓度以及地层温度等,都对沉

积岩的电阻率产生不同程度的影响。

（3）绝大多数造岩矿物，如石英、长石、云母、方解石等，它们的导电是矿物晶体的离子导电。这种导电性是极其微弱的，所以绝大多数造岩矿物的电阻率都相当高，大于 $10^6\ \Omega \cdot m$。致密坚硬的火成岩、白云岩、石灰岩等几乎不含水，而其矿物晶体的离子导电又十分微弱，故它们的电阻率很高，属于劣导电体。

（4）泥质一般是指粒度小于 $10\ \mu m$ 的颗粒，是细粉砂、黏土与水的混合物。泥质颗粒对负离子具有选择吸附作用，从而在泥质颗粒表面形成不能自由移动的紧密吸附层，在此紧密吸附层以外是可以自由移动的正离子层。在外电场作用下正离子依次交换它们的位置，形成电流。这种以泥质颗粒表面的正离子来传导电流的方式与水溶液的离子导电方式不同，称为泥质颗粒的离子导电，也称为泥质颗粒的附加导电。黏土或泥岩中泥质颗粒的离子导电占绝对优势，因为黏土颗粒或泥质颗粒表面的电荷量基本相同，所以黏土或泥岩的导电性能比较稳定，电阻率低且变化范围小。在砂岩中，随着岩石颗粒的变细，附加导电所起的作用将越来越大，特别是细砂岩和粉砂岩，附加导电对岩石的电阻率影响很大。

### 2.1.2　岩石电阻率与矿物成分的关系

岩石电阻率与组成岩石的矿物的电阻率、矿物的含量和矿物的分布有关。当岩石中含有良导电矿物时，矿物导电性对岩石电阻率的影响主要取决于良导电矿物的分布状态和含量。如果岩石中的良导电矿物颗粒彼此隔离，且良导电矿物的体积含量不大，那么岩石的电阻率基本上与所含的良导电矿物无关，只有当良导电矿物的体积含量大于 30% 时，岩石的电阻率才会随良导电矿物体积含量的增大而逐渐降低。但是，如果良导电矿物的连通性较好，即使它们的体积含量并不大，岩石的电阻率也会急剧减小。

### 2.1.3　岩石电阻率与其含水性的关系

沉积岩主要依靠孔隙水溶液来传导电流，因此岩层中水的导电性将直接影响沉积岩的电阻率。在其他条件相同的情况下，岩层电阻率与岩层中水的电阻率成正比。影响水导电性的主要因素是水中正、负离子浓度和水的温度。含煤地层中的岩层水一般含有低、中等浓度的正、负离子，岩层水中的含盐浓度增大，正、负离子的浓度也增大，岩层水导电性将变好，岩层电阻率下降。同时岩层水的导电性还与温度有关，其电阻率随温度的升高而降低。这是因为：一方面，随温度的升高水中盐分的溶解度增大，致使溶液中离子浓度增大；另一方面，随温度的升高溶液黏度降低，离子迁移速度加快。

### 2.1.4 岩石电阻率与其孔隙度和孔隙结构的关系

因为在潜水位以下岩石孔隙空间中几乎充满了水,因而岩石电阻率除了与岩石孔隙中地下水的电阻率有关外,还与岩石的孔隙度和孔隙结构有关。岩石孔隙度的大小决定着岩石中地下水的含量,从而决定着岩石中导电离子的数量;岩石孔隙的结构,包括孔隙通道的截面积、弯曲程度以及连通程度等,影响着离子的运动速度和参加运动的离子数量。

### 2.1.5 岩石电阻率与岩性的关系

含煤地层主要由砂、泥质岩和碳酸盐岩组成,它们的电性特征如下。

#### 2.1.5.1 砂、泥质岩

砂、泥质岩包括碎屑岩和黏土岩两种类型。碎屑岩由碎屑颗粒、胶结物、泥质及含水孔隙组成,与碳酸盐岩相比,碎屑岩的孔隙度较大,孔隙结构较简单、规则。碎屑岩的电阻率一般随其粒度减小、分选性变好、泥质含量增高、胶结程度变差和孔隙水含盐浓度的增大而降低。砂岩电阻率可在数十至数千欧姆米之间变化,分选性差、颗粒粗、胶结程度高的致密砂岩电阻率高,分选性好、颗粒细、胶结程度低的疏松砂岩电阻率低。胶结物不同,砂岩的电阻率也不同,钙质、硅质或铁质胶结的砂岩电阻率一般比泥质、黏土质胶结的砂岩电阻率高。砾岩由于颗粒粗、分选性差,故常具有比砂岩还高的电阻率。黏土、页岩、泥岩等黏土类岩石的导电方式以泥质颗粒的离子导电方式为主,泥质颗粒表面的电荷量基本相同,所以黏土、泥岩、页岩等黏土类岩石的导电性比较稳定,它们的电阻率一般在 $(1 \sim n) \times 10 \ \Omega \cdot m$ 之间变化,其中,页岩比黏土和泥岩更致密,故其电阻率稍高。当砂岩或砾岩含有泥质时,由于增添了泥质的附加导电性,故其电阻率也会降低。砂、泥质岩石电阻率由小到大的顺序是:泥岩或黏土→页岩→细砂岩或粉砂岩→中砂岩→粗砂岩→砾岩。

#### 2.1.5.2 碳酸盐岩

碳酸盐岩属于化学岩类,岩石颗粒极细,颗粒间几乎没有孔隙,故其电阻率很高,可达 $n \times (10^3 \sim 10^4) \ \Omega \cdot m$。然而,当碳酸盐岩发育有岩溶裂隙并且充水时,其电阻率将会明显降低。此外,碳酸盐岩中泥质含量增加时,它的电阻率也会有所下降。

### 2.1.6 岩石电阻率与层理的关系

大多数沉积岩和部分变质岩具有层理构造,如砂岩、泥岩、片岩、板岩以及煤层等,它们均由很多薄层相互交替组成。这种成层性岩石的电阻率具有明显的方向性,即沿层理面方向和垂直层理面方向岩石的电阻率不同,称为岩石电阻率的非各向同性,如图 2-1 所示。岩石电阻率的非各向同性可用非各向同性系数 $\lambda$ 来表示,定义为:

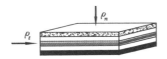

图 2-1　层状结构岩石模型

$$\lambda = \sqrt{\frac{\rho_n}{\rho_t}} \tag{2-2}$$

式中　　$\rho_n$——垂直层理面方向上的电阻率,称为横向电阻率;

　　　　$\rho_t$——沿层理面方向的电阻率,称为纵向电阻率。

因为岩层横向电阻率总是大于纵向电阻率,所以岩石的非各向同性系数 $\lambda$ 总大于1。含煤地层常见岩层中,石墨、碳质页岩和无烟煤的非各向同性最明显,烟煤和黏土质页岩次之,其他岩层更次之。一般地,岩层与夹层的导电性差异越大,互层越频繁,岩石的非各向同性越明显。

### 2.1.7　岩石电阻率与温度的关系

岩石电阻率随温度的变化遵循导电理论的有关定理。电介质中离子的运动能量随温度升高而增大,当运动能量积累到一定程度,很容易超脱晶格间的引力而脱离晶格,因此导电性增强。半导体温度升高时,导电区电子浓度增大,导电性也相应增强。如前所述,在低温条件下,岩石孔隙中的水溶液导电性随温度的升高而增大,这是由于温度升高导致水溶液浓度增大和黏滞度降低,水溶液中离子浓度增大、活动性增强的缘故;当温度继续升高时,因水分蒸发,含水量减小,岩石电阻率略有增加,只有温度继续升高时,电阻率才又继续开始减小。例如,对油页岩进行加温实验时,当温度升高到50～100 ℃时,油页岩样的电阻率减小;当温度继续升高至200 ℃时,油页岩样电阻率增大;当温度继续升高超过200 ℃时,油页岩样电阻率急剧下降;当温度超过600 ℃后,油页岩样电阻率又呈回升趋势。烟煤(肥煤、气煤)电阻率与温度间的关系与上述情形类似。

### 2.1.8　岩石电阻率与压力的关系

岩石原生结构破坏是压力作用下岩石性质变化的主要原因。根据压力作用特征,这种原生结构破坏可能是岩石的压实,孔隙收缩,颗粒接触面积的增大,形成裂隙组,或是个别区域之间黏结性减小等。

静水压力对岩石的压实作用最大。在静水压力作用下,岩石内部出现残余变形,从而使孔隙度降低。此时压力对岩石电阻率的影响与岩石内部孔隙中水溶液和气体的含量有关,随压力的增大,干燥或者稍许含水岩石的电阻率减小,这是由于孔隙度降低、颗粒间接触性能变好的原因。除此之外,岩石中孤立互不连通的含水孔隙也会在压力作用下闭合导通并形成连续的导电通路,使其电阻率减小。对于大多数岩石,当单轴压力由10 MPa增加到60 MPa时,能够观测到岩石电阻率的剧烈变化。但是,某些黏土在压力增大作用下,孔隙中的水分被挤出,含水孔隙通道的截面缩小,从而使其导电性变差,电阻率增大。对于非常潮湿煤层,压力增大时,电阻率会增大。

相反,在应力弱化作用下,岩石颗粒之间内部黏结性降低,致使岩石强度变小,岩石可碎性增强。当岩石内部裂隙发育但裂隙不充水时,岩石电阻率会增大,若裂隙充水,岩石电阻率会明显减小。

### 2.1.9 煤的电阻率

煤的电阻率与煤化程度、煤岩组分、矿物杂质含量以及所含水分等因素有关。

煤化程度很低的褐煤,往往具有较高含量的水分和溶于水的腐殖酸离子,故其电阻率较低,一般为数十至数百欧姆米。随着煤化程度的加深,褐煤中的水分和溶于水的腐殖酸离子含量将明显减小,褐煤的离子导电性减弱,因而其电阻率显著增高。烟煤电阻率一般较高,但随煤变质程度的加深,电阻率逐步减小,当变质程度过渡到无烟煤时,电阻率会急剧下降。烟煤电阻率的变化范围为数十至数千欧姆米,无烟煤由于具有良好的电子导电性,因而其电阻率很低,一般在 $1\ \Omega \cdot m$ 以下。

煤中矿物杂质的电阻率通常低于褐煤或烟煤中有机质的电阻率,而高于无烟煤中有机质的电阻率。因此,褐煤或烟煤的电阻率随矿物杂质含量的增高而降低,而无烟煤的电阻率则随矿物杂质含量的增高而增大。但当无烟煤层中含有大量黄铁矿时,黄铁矿的电阻率很低,也会使无烟煤的电阻率降低。

煤的湿度分为内部湿度和外部湿度。煤的内部湿度是煤的电阻率随其变质程度变化的主要因素,煤的外部湿度取决于煤田的水文地质条件,外部湿度增大会使煤的电阻率降低。在煤的氧化带中,外部湿度一般较大,所以氧化带中煤的电阻率往往比深部煤的电阻率低。

各种煤岩组分中,丝炭的电阻率比镜煤低。

综上所述,电阻率是表征岩石和煤导电性质的重要物理参数,岩石和煤的电阻率主要取决于它们的成分、结构、所含水分等因素,随着影响因素的改变而在较大范围内变化。

# 2.2　矿井直流电法勘探的工作原理

直流电法勘探是测定岩石电阻率的传统地球物理探测方法。它通过一对接地电极把电流供入大地,建立稳定电流场,再通过另一对接地电极观测稳定电流场电位或电位差信息,从而计算出岩石电阻率值。矿井直流电法勘探是在矿井井下巷道内进行的,供电、测量电极通常布置在巷道顶底板或巷道侧帮上,从不同角度去观测研究巷道周围稳定电流场的分布特征及其变化规律,借以了解巷道顶底板或所在岩层内的地质信息,解决矿井地质问题。

## 2.2.1　巷道周围稳定电流场的基本性质

在巷道周围导电介质内的任意一点上,电流场具有以下特征。

（1）电流密度与电场强度的正比性。电流密度矢量 $j$ 与电场强度矢量 $E$ 在数量上成正比,比例系数是该点岩石的电导率 $\sigma$,即

$$j = \sigma E = \frac{E}{\rho} \tag{2-3}$$

（2）电流的连续性。在稳定电流场中,除供电电流源外的任何一点处电流密度的散度均等于零,即

$$\mathrm{div}\, j = 0 \tag{2-4}$$

（3）电流的势能性。稳定电流场在空间的分布是稳定的,即不随时间变化,它与静电场一样均为势能场,电场强度与电位有以下关系

$$E = -\,\mathrm{grad}\, U \tag{2-5}$$

对于均匀或分区均匀的无电流源介质空间,上述方程可归结为拉普拉斯方程的形式

$$\nabla^2 U = 0 \tag{2-6}$$

对于均匀或分区均匀的有电流源介质空间,上述方程可归结为泊松方程的形式

$$\nabla^2 U(P,A) = -\,I\rho\delta(P-A) \tag{2-7}$$

式中　$I$——供电电流强度;

$\qquad P$——观测点位置;

$\qquad A$——供电点电流源的位置。

## 2.2.2　巷道周围稳定电流场的边界条件

（1）第一类边界条件(无限条件):

当 $R \rightarrow 0$ 时, $U = \begin{cases} \dfrac{I\rho}{2\pi} & \text{,当源点位于巷道顶底板时} \qquad (2\text{-}8) \\[3mm] \dfrac{I\rho}{4\pi} & \text{,当源点位于导电介质内时} \qquad (2\text{-}9) \end{cases}$

（2）第二类边界条件（巷道条件）：

$$j_n = -\frac{I}{\rho} \frac{\partial U}{\partial n} = 0 \qquad (2\text{-}10)$$

即在巷道顶底板或巷道帮上电流密度的法向分量等于零。

（3）第三类边界条件：

当界面两侧介质电阻率为有限值时，在该界面上以下连续条件成立

$$U_1 = U_2 \qquad (2\text{-}11)$$

$$j_{1n} = j_{2n} \text{ 或 } \frac{1}{\rho_1} \frac{\partial U_1}{\partial n} = \frac{1}{\rho_2} \frac{\partial U_2}{\partial n} \qquad (2\text{-}12)$$

$$E_{1t} = E_{2t} \text{ 或 } j_{1t}\rho_1 = j_{2t}\rho_2 \qquad (2\text{-}13)$$

求解巷道周围稳定电流场的分布，就是求解一定边界条件下方程的边值问题。

### 2.2.3 三维空间内的稳恒电流场

根据场论可知，当三维全空间内充满均匀各向同性电阻率为 $\rho$ 介质时，$A$ 点供电时，$M$ 点处的电位值为

$$U_A^M = \frac{I\rho}{4\pi r_{AM}} \qquad (2\text{-}14)$$

式中　$r_{AM}$——$A$、$M$ 点间的距离；

　　　$\rho$——介质电阻率；

　　　$I$——供电电流强度。

显然，其等位面是以 $A$ 为球心的同心球面。

电场强度为

$$E = \frac{I\rho}{4\pi r_{AM}^2} \qquad (2\text{-}15)$$

电力线 $E$ 垂直于等位面，这些电力线是从供电点 $A$ 发出的一束向四面八方发散的辐射线，电流线的方向与电力线的方向一致（图 2-2），电流密度为

$$j = \frac{I}{4\pi r_{AM}^2} \qquad (2\text{-}16)$$

### 2.2.4 全空间视电阻率与矿井直流电法勘探的物理实质

当介质内部两个异性点电流源 $A(+I)$ 和 $B(-I)$ 同时供电时，测量电极 $M$、$N$ 间的电位差 $\Delta U_{MN}$ 为

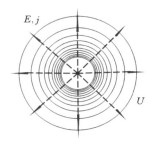

图 2-2  三维空间中的点电源场

$$\Delta U_{MN} = \frac{I\rho}{4\pi} \left[ \frac{1}{r_{AM}} - \frac{1}{r_{AN}} + \frac{1}{r_{BN}} - \frac{1}{r_{BM}} \right] \tag{2-17}$$

由上式可得

$$\rho = \frac{4\pi \Delta U_{MN}}{I} \left[ \frac{1}{r_{AM}} - \frac{1}{r_{AN}} + \frac{1}{r_{BN}} - \frac{1}{r_{BM}} \right]^{-1} = K \frac{\Delta U_{MN}}{I} \tag{2-18}$$

式中，$K$ 为装置系数，由四个电极的相对位置关系确定，其值由下式确定

$$K = \frac{4\pi}{\dfrac{1}{r_{AM}} - \dfrac{1}{r_{AN}} + \dfrac{1}{r_{BN}} - \dfrac{1}{r_{BM}}} \tag{2-19}$$

若采用图 2-3 所示的装置测量得出供电回路 $A$、$B$ 中的电流强度 $I$ 和电位差 $\Delta U_{MN}$，则不论 $A$、$B$、$M$、$N$ 的相对位置如何，都可计算出介质的电阻率值。

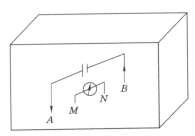

图 2-3  大地电阻率的测定装置

然而，当全空间内介质为非均匀电性介质时，计算出的结果不再是某种介质的真电阻率，而是三维空间某一体积范围内所有介质电性变化的一种综合反映，称为全空间视电阻率，用 $\rho_s$ 表示

$$\rho_s = K \frac{\Delta U_{MN}}{I} \tag{2-20}$$

仿照地面电阻率法，可以得出全空间视电阻率的微分形式

$$\rho_s = \frac{j_{MN}}{j_0} \rho_{MN} \tag{2-21}$$

式中   $\rho_{MN}$——$M$、$N$ 电极间介质的真电阻率；

   $j_{MN}$——$M$、$N$ 电极间的实际电流密度；

   $j_0$——全空间内充满均匀介质时的电流密度。

该式进一步说明，视电阻率是导电介质内部电流场分布状态的外在表现。如图 2-3 所示，当测量电极 $M$、$N$ 电极附近存在高阻异常体时，高阻异常体具有排斥电流的作用，致使 $j_{MN} > j_0$，故 $\rho_s > \rho_0$；当测量电极 $M$、$N$ 电极附近存在低阻异常体时，低阻异常体具有吸收电流的作用，致使 $j_{MN} < j_0$，故 $\rho_s < \rho_0$。因此，通过测量、分析全空间视电阻率的相对变化可以推断介质电性变化情况，这就是矿井直流电法勘探的物理实质。

# 2.3   矿井三维电法探测技术

矿井三维电法是在常规电测深、电剖面电法基础上发展起来的一种新型物探方法，属于直流电法的范畴，工作原理与常规电法一致，仍然是以岩矿石导电性的差异为物理基础，研究人工建立稳定电流场在全空间岩层中的分布特征及其变化规律，推断出巷道周围具有不同电阻率的地质体赋存情况。矿井三维电法和常规电阻率法一样，它通过 $A$、$B$ 电极向地下供电，电流强度为 $I$，然后测量 $M$、$N$ 极间电位差 $\Delta V$，从而可求得 $M$、$N$ 之间的视电阻值 $\rho = K \Delta V / I$。

矿井三维电法井下数据采集系统由电极系、多芯电缆、多路电极转换器和测量主机组成。观测时在井下工作面巷道内按一定的电极间距布设电极，然后由多芯电缆通过转换器与主机连接，实现了数据采集、存储、传输等环节的自动化控制。电极装置排列选择包括二极、三极装置两种，电极极距选择根据探测任务的精度要求和目的层埋深进行，分别选用 1 m、2 m、4 m、5 m、10 m 等。

与常规电法相比，矿井三维电法具有以下特点：① 电极布设是一次完成的，这不仅减少了因电极设置而引起的故障和干扰，而且为井下数据的快速和自动测量奠定了基础。② 能有效地进行多种电极排列方式的扫描测量，因而可以获得较丰富的关于地电断面结构特征的地质信息。③ 野外数据采集实现了自动化，不仅采集速度快（大约每一测点需 2～5 s），而且避免了由于手工操作所出现的错误。④ 可以对资料进行预处理并显示剖面曲线形态，脱机处理后还可以自动绘制和打印各种成果图件。⑤ 与传统的电阻率法相比，成本低、效率高,信息丰富,解释方便,勘探能力显著提高。

矿井三维电法是一种阵列勘探方法,其实质是直流电阻率法的一种,它以岩、土介质导电性差异为基础,通过观测介质中人工建立的稳定电流场的分布规律来探测地下介质差异。其电场的分布满足如下偏微分方程

$$\nabla^2 U = -\frac{I}{\sigma}\delta(x_0 - x_1)\delta(y_0 - y_1)\delta(z_0 - z_1) \qquad (2\text{-}22)$$

式中  $U$——电位,V;

$I$——供电电流,A;

$\sigma$——电导率,S/m;

$\delta$——狄拉克函数;

$\nabla^2$——拉普拉斯算子;

$(x_0, y_0, z_0)$——电场点坐标;

$(x_1, y_1, z_1)$——原点坐标。

通过供电电极 $A$、$B$ 向地下供电形成稳定的直流电场,通过另一对接地电极 $M$、$N$ 观测岩石电阻率计算所必需的电位或电位差信息。根据测量电极 $M$、$N$ 测得的电位差 $\Delta V$ 和下式求出介质视电阻率 $\rho_s$ 的值

$$\rho_s = K\frac{\Delta V}{I} \qquad (2\text{-}23)$$

式中,$K$ 为装置系数。

实际的地下地质电阻率表现为三维的电性结构,即 $\rho = \rho(x, y, z)$。当地下半无限空间的电阻率分布是各向同性时,在地表观测的电位值 $U$ 满足下式

$$\nabla \cdot [\sigma \cdot \nabla U] = 0 \qquad (2\text{-}24)$$

式中,$\sigma$ 为电导率,$\sigma = 1/\rho$。

三维直角坐标系中,若场源是一个位于 $A(x_A, y_A, z_A)$ 点,电流强度为 $+I$ 的点电流源,则

$$f = -I(x - x_A)\delta(y - y_A)\delta(z - z_A) \qquad (2\text{-}25)$$

式中,$f$ 为电流源项,是源位置的函数。

对于三维地电条件,电导率 $\sigma$ 和电位 $U$ 都是空间坐标$(x, y, z)$的函数

$$U = U(x, y, z)$$

$$\sigma = \sigma(x, y, z)$$

于是式(2-25)可写成

$$\frac{\partial}{\partial x}\left[\sigma\frac{\partial U}{\partial x}\right] + \frac{\partial}{\partial y}\left[\sigma\frac{\partial U}{\partial y}\right] + \frac{\partial}{\partial z}\left[\sigma\frac{\partial U}{\partial z}\right] = -I(x - x_A)\delta(y - y_A)\delta(z - z_A)$$

$$(2\text{-}26)$$

为了对任意复杂的地电断面计算地表观测的电位分布,还必须给出电位

在各边界上的边界条件。对于地面的一个点电流源场,其边界条件为:

(1) 在地面边界 $\Gamma_1$ 上,电流沿地表流过,因此

$$\left.\frac{\partial U}{\partial n}\right|_{\Gamma_1} = 0 \tag{2-27}$$

(2) 在其他边界 $\Gamma_2$ 上,电位 $U$ 为正常场值,则

$$U\big|_{\Gamma_2} = U_0 \tag{2-28}$$

$$U_0(x,y,z) = \frac{1}{2\pi\sigma_1}\frac{1}{\sqrt{(x-x_A)^2+(y-y_A)^2+(z-z_A)^2}}$$

式中,$\sigma_1$ 为均匀半无限空间的电导率值。

以上便是点电流源的电位在三维空间满足的方程。

# 3 矿井三维电法探测反演理论

## 3.1 反演综述

在矿井三维电法探测中,数据反演是利用在井下巷道观测到的稳定电流场分布信息,推测巷道周围含煤地层电阻率的空间分布规律和变化特征。如果把矿井三维电法探测分为数据采集、数据处理和反演解释三个阶段的话,那么,数据采集是基础,数据处理是手段,反演解释才是目的。

矿井三维电法反演方法为圆滑约束最小二乘反演方法。该方法是一种比较成熟的最优化反演方法,在物探资料的反演中已经得到广泛的应用。程序使用了基于准牛顿最优化非线性最小二乘新算法,使得大数据量下的计算速度较常规最小二乘法快 10 倍以上且占用内存较小,而且可以调节阻尼系数和圆滑滤波器以适应不同类型的资料。

圆滑约束最小二乘反演方法主要靠调节模型条块的电阻率来减小正演值与实测视电阻率值的差异。首先根据实测的视电阻率值初步给定模型各个子块的电阻率,使用有限元法或有限差分法作正演计算,得出初步模型的地面视电阻率异常值。程序将正演计算值与实测值进行比较,根据比较的结果调整模型各个子块的电阻率,使用调整后的模型重新作正演计算。如此多次循环迭代,使模型正演计算结果与实测值的差异逐渐减小。这种差异用均方误差(RMS)来衡量。一般选取迭代后均方误差不再明显改变的模型作为反演成果,这通常在第三次和第五次迭代之中出现。

圆滑约束最小二乘反演方法的法方程为

$$(\mathbf{J}^{\mathrm{T}}\mathbf{J} + u\mathbf{F})d = \mathbf{J}^{\mathrm{T}}g$$
$$\mathbf{F} = f_x f_x{}^{\mathrm{T}} + f_z f_z{}^{\mathrm{T}}$$

式中　$f_x$——水平圆滑滤波系数矩阵;

　　　$f_z$——垂直圆滑滤波系数矩阵;

**J** ——雅可比偏导数矩阵；

**J**$^{\mathrm{T}}$ ——**J** 的转置矩阵；

*u* ——阻尼系数；

*d* ——模型参数修改矢量；

*g* ——残差矢量。

圆滑滤波系数用于约束模型参数（如电阻率），使模型参数保持在某一个常数范围。阻尼系数用于改善方程求解条件的数值选取与资料的随机噪声有关，当资料的随机噪声较大时，应选取较大的值，反之则取较小值。反演程序也可以使用常规高斯-牛顿法，在每次迭代后重新计算偏导数的雅可比矩阵。它的反演速度比准牛顿法慢得多，但在电阻率差异大于 10∶1 的高电阻率差异地区，效果要稍好一些。反演逼近也可以在第二次或第三次迭代以前使用高斯-牛顿法，然后使用准牛顿法，在许多情况下，这是一种最佳的折中选择。

# 3.2　地球物理反演理论

### 3.2.1　基本概念

#### 3.2.1.1　分辨矩阵

数据分辨矩阵描述了使用估计的模型参数得到的数据预测值与数据观测值的拟合程度，可以表示为 $d^{\mathrm{pre}} = \boldsymbol{G}m^{\mathrm{est}} = \boldsymbol{G}[\boldsymbol{G}^{-g}d^{\mathrm{obs}}] = [\boldsymbol{G}\boldsymbol{G}^{-g}]d^{\mathrm{obs}} = \boldsymbol{N}d^{\mathrm{obs}}$，其中，方阵 $\boldsymbol{N} = \boldsymbol{G}\boldsymbol{G}^{-g}$ 称为数据分辨矩阵。它不是数据的函数，而仅仅是数据核 $\boldsymbol{G}$（它体现了模型及实验的几何特征）以及对问题所施加的任何先验信息的函数。

模型分辨矩阵是数据核和对问题所附加的先验信息的函数，与数据的真实值无关，可以表示为 $m^{\mathrm{est}} = \boldsymbol{G}^{-g}d^{\mathrm{obs}} = \boldsymbol{G}^{-g}(\boldsymbol{G}m^{\mathrm{true}}) = (\boldsymbol{G}^{-g}\boldsymbol{G})m^{\mathrm{true}} = \boldsymbol{R}m^{\mathrm{true}}$，其中 $\boldsymbol{R}$ 称为模型分辨矩阵。

#### 3.2.1.2　协方差

模型参数的协方差取决于数据的协方差以及由数据误差映射成模型参数误差的方式。其映射只是数据核及其广义逆的函数，而与数据本身无关。

在地球物理反演问题中，许多问题属于混定形式。在这种情况下，既要保证模型参数的高分辨率，又要得到很小的模型协方差是不可能的，两者不可兼得，只有采取折中的办法。可以通过选择一个使分辨率展布与方差大小加权之和取极小的广义逆来研究这一问题：

$$\mathrm{aspread}(\boldsymbol{R}) + (1 - \alpha)\mathrm{size}(\mathrm{cov}_u\, m)$$

如果令加权参数 $\alpha$ 接近 1，那么广义逆的模型分辨矩阵将具有很小的展布，但是模型参数将具有很大的方差。而如果令 $\alpha$ 接近 0，那么模型参数将具有相对较小的方差,但是其分辨率将具有很大的展布。

### 3.2.1.3 适定与不适定问题

适定问题是指满足下列三个要求的问题:① 解是存在的;② 解是唯一的;③ 解连续依赖于定解条件。这三个要求中,只要有一个不满足,则称之为不适定问题。

### 3.2.1.4 正则化

用一组与原不适定问题相"邻近"的适定问题的解去逼近原问题的解,这种方法称为正则化方法。对于方程 $Gm = d_c$,若其是不稳定的,则可以表述为 $(G^T G + \alpha I)m = G^T d_c$,其中 $\alpha$ 称为正则参数,其正则解为 $m = (G^T G + \alpha I)^{-1} G^T d_c$。这种方法叫作正则化方法。

### 3.2.1.5 多解性

因为观测数据并非无限,以及观测数据具有误差,所以解具有多解性。

### 3.2.1.6 稳定性

反演问题就是从数据空间到模型空间的映射问题,如果数据空间有一个小范围的变化,相应于模型空间存在一个大范围的变化,则称这种映射或反演是不稳定的。实践证明,地球物理学中的反演问题都是不稳定的,只是严重程度不同罢了。

## 3.2.2 反演方法

### 3.2.2.1 最速下降法

最速下降法又称梯度法,就是从一个初始模型出发,沿负梯度方向搜索目标函数极小点的一种最优化方法。在用该方法进行反演时,一是要有一个出发点——初始模型,初始模型越选在极小点附近,反演越容易成功和收敛;二是要沿一个正确的方向——负梯度方向;三是要有一个合适的步长,步长不能太小,也不能太大,太小反演收敛的速度降低,太大使反演不稳定,甚至不会收敛。一般来说,从任意初始模型出发进行搜索,最速下降法均会收敛,开始(远离极小点处)收敛速度快,往后越接近极小点处收敛越慢,尤其是在极小点附近,收敛很慢。此时,要向真正的极小点前进一点,都需要经过多次迭代。

### 3.2.2.2 共轭梯度法

采用共轭方向去搜索极小点,必须在第一步搜索时取最速下降方向,否则就不能在有限的迭代中达到极小点。共轭梯度法正是基于这种思想对函数极小点进行逐步探测的。共轭梯度法的基本思想是将共轭性与最速下降法相结合,利用已知点处的梯度构造一组共轭方向,沿着这组方向而不是负梯度方向去搜索目标函数极小点,根据共轭方向的性质,共轭梯度法具有二次终止性。理论上,对于二次正定函数共轭梯度法经有限次迭代必达到极小点。但对于一般函数,尤其是通过泰勒级数展开后得到的近似二次型函数,通过有限次选代不一定能达到极小点。

### 3.2.2.3 牛顿法

牛顿法和前面的最速下降法都是非约束反演法,即在反演迭代过程中不加任何先验信息对质进行约束。牛顿法不仅利用了梯度,而且利用了目标函数的曲率,即二阶偏导数,在极小点附近收敛比最速下降法要快。该方法的不足之处在于计算时间长,且当初始模型远离全局极小点时,收敛速度很慢。因而在实际应用中,最速下降法和牛顿法相互配合,取长补短,以达到既能保证收敛又能加快迭代速度的目的。

### 3.2.2.4 阻尼最小二乘法

用最小二乘法进行迭代时,校正向量的步长较大,若初始值选择合适,能很快收敛,但其收敛性很不稳定,若初始值选择不合适,则易于发散。最速下降法则相反,它沿最速下降方向搜索,可以保证收敛,但步长太小,收敛很慢。阻尼最小二乘法是在两种方法之间取某种折中,力图以最大的步长,同时又靠近最速下降方向,以保证稳定收敛,并加快收敛速度。这种方法又称马奎特法。

### 3.2.3 反演公式

推导:设 $b^{(0)}$ 为任意给定的初始点,在 $b^{(0)}$ 处取 $\Phi(b)$ 的梯度 $\boldsymbol{g}^{(0)}$,即第一次搜索向量

$$\boldsymbol{p}^{(0)} = -\boldsymbol{g}^{(0)} \tag{3-1}$$

再从 $b^{(0)}$ 出发,沿 $\boldsymbol{p}^{(0)}$ 方向找出 $\Phi(b)$ 的极小点

$$b^{(1)} = b^{(0)} + t^{(0)}\boldsymbol{p}^{(0)} \tag{3-2}$$

设 $\Phi(b)$ 在 $b^{(1)}$ 处的梯度为 $\boldsymbol{g}^{(1)}$,显然有 $\boldsymbol{g}^{(1)\mathrm{T}}\boldsymbol{g}^{(0)} = 0$。利用 $\boldsymbol{g}^{(1)}$ 和 $\boldsymbol{p}^{(0)}$ 构造第二次搜索方向

$$\boldsymbol{p}^{(1)} = -\boldsymbol{g}^{(1)} + \beta_0 \boldsymbol{p}^{(0)} \tag{3-3}$$

这里要求 $\boldsymbol{p}^{(1)}$ 与 $\boldsymbol{p}^{(0)}$ 是关于 $Q$ 共轭的,即 $\boldsymbol{p}^{(1)\mathrm{T}}Q\boldsymbol{p}^{(0)} = 0$,用式(3-3)转置后的两边各乘 $Q\boldsymbol{p}^{(0)}$ 得

$$\boldsymbol{p}^{(1)\mathrm{T}}Q\boldsymbol{p}^{(0)} = -\boldsymbol{g}^{(1)\mathrm{T}}Q\boldsymbol{p}^{(0)} + \beta_0 \boldsymbol{p}^{(0)\mathrm{T}}Q\boldsymbol{p}^{(0)} = 0 \tag{3-4}$$

则有

$$\beta_0 = \frac{\boldsymbol{g}^{(1)\mathrm{T}}Q\boldsymbol{p}^{(0)}}{\boldsymbol{p}^{(0)\mathrm{T}}Q\boldsymbol{p}^{(0)}} \tag{3-5}$$

从 $b^{(k)}$ 点出发,沿 $\boldsymbol{p}^{(k)}$ 方向找出 $\Phi(b)$ 的极小点

$$b^{(k+1)} = b^{(k)} + t^{(k)}\boldsymbol{p}^{(k)} \tag{3-6}$$

进一步取 $\boldsymbol{p}^{(k+1)}$ 为

$$\boldsymbol{p}^{(k+1)} = -\boldsymbol{g}^{(k+1)} + \beta_k \boldsymbol{p}^{(k)} \tag{3-7}$$

当

$$\beta_k = \frac{\boldsymbol{g}^{(k+1)\mathrm{T}} Q \boldsymbol{p}^{(k)}}{\boldsymbol{p}^{(k)\mathrm{T}} Q \boldsymbol{p}^{(k)}} \quad (k = 0, 2, \cdots, n-1) \tag{3-8}$$

时,即构造出 $n$ 个共轭向量 $\boldsymbol{p}^{(0)}$、$\boldsymbol{p}^{(1)}$、$\cdots$、$\boldsymbol{p}^{(n-1)}$。可以证明,对 $Q$ 为正定的极小问题,有

$$\beta_k = \frac{\boldsymbol{g}^{(k+1)\mathrm{T}} \boldsymbol{g}^{(k+1)}}{\boldsymbol{g}^{(k)\mathrm{T}} \boldsymbol{g}^{(k)}} = \frac{\parallel \boldsymbol{g}^{(k+1)} \parallel_2^2}{\parallel \boldsymbol{g}^{(k)} \parallel_2^2} \tag{3-9}$$

$$t_k = \frac{\boldsymbol{g}^{(k)\mathrm{T}} \boldsymbol{g}^{(k)}}{\boldsymbol{p}^{(k)\mathrm{T}} Q \boldsymbol{p}^{(k)}} \tag{3-10}$$

共轭梯度法的计算步骤为:

(1) 给定初始点 $\boldsymbol{p}^{(0)}$,允许误差 $\varepsilon > 0$,令 $k = 0$;

(2) 计算 $\boldsymbol{g}^{(k)}$,若 $\parallel \boldsymbol{g}^{(k)} \parallel_2 < \varepsilon$,则停止计算,得点 $b^* = b^{(k)}$,否则进行下一步;

(3) 构造搜索方向,令

$$\boldsymbol{p}^{(k)} = -\boldsymbol{g}^{(k)} + \beta_{k-1} \boldsymbol{p}^{(k-1)}$$

其中,当 $k = 1$ 时,$\beta_{k-1} = 0$,$\beta_k = \beta_0$,当 $k > 0$ 时,有

$$\beta_k = \frac{\parallel \boldsymbol{g}^{(k+1)} \parallel_2^2}{\parallel \boldsymbol{g}^{(k)} \parallel_2^2} \tag{3-11}$$

(4) $b^{(k+1)} = b^{(k)} + t^{(k)} \boldsymbol{p}^{(k)}$,求出步长

$$t^{(k)} = \frac{\parallel \boldsymbol{g}^{(k)} \parallel_2^2}{\boldsymbol{p}^{(k)\mathrm{T}} Q \boldsymbol{p}^{(k)}} \tag{3-12}$$

并确定新点 $b^{(k+1)}$,返回第(2)步。

特点:采用共轭方向去搜索极小点,必须在第一步搜索时取最速下降方向,否则就不能在有限的迭代中达到极小点。共轭梯度法正是基于这种思想对函数极小点进行逐步探测的。每次迭代的共轭方向 $\boldsymbol{p}^{(k)}$ 通常不是预先给定的,而是在迭代过程中逐步确定产生的。

### 3.2.4 遗传算法或模拟退火反演的基本原理

遗传算法基于生物系统的自然选择原理和自然遗传机制。它模拟自然界中的生命进化过程,在人工系统中解决复杂的、特定目标的非线性反演问题。

遗传算法从随机选择的一组模型群体开始,通过选择、交换和变异三个基本步骤组成的转移过程,得到新的模型群体,其中的许多成员可能与上一代群体中的成员相同;简单地重复这一过程直至模型群体变得"一致"为止。所谓群体"一致",是指群体目标函数或后验概率的方差或标准偏差很小,或者群体目标函数或后验概率的均值接近于群体中目标函数或后验概率的最大值。具体的过程如下:

（1）参数编码。通常遗传算法对模型参数的二进制编码进行工作,因此遗传算法的首要步骤是对模型参数进行二进制编码。

（2）初始模型群体的产生。初始模型群体是随机产生的。显然,初始模型群体中的个体在模型空间中分布得越均匀越好,最好是在模型空间各代表区域中均有成员。

（3）选择。选择是产生新的模型群体过程中的第一步。它从群体中挑选模型配成对为亲本以进行交换。

（4）交换。交换是遗传算法的"繁殖"过程,是遗传算法的内在力。

（5）变异。变异是对偶然的(按较低的变异概率随机选择的)后代中的一个或多个随机选择的基因作随机摄动。

（6）更新。经过"交换"和"变异",产生出新的子本模型。

（7）收敛。模型群体经过多次选择、交换和变异之后,群体大小不变,但群体的平均目标函数或后验概率值逐渐变大,若反演问题是求极大值对应的解,直至最后都聚集在模型空间中一个小范围内为止。

# 3.3 最小二乘法曲线拟合

在物理实验中经常要观测两个有函数关系的物理量,根据两个量的许多组观测数据来确定它们的函数曲线,这就是实验数据处理中的曲线拟合问题。这类问题通常有两种情况:一种是两个观测量 $x$ 与 $y$ 之间的函数形式已知,但一些参数未知,需要确定未知参数的最佳估计值;另一种是 $x$ 与 $y$ 之间的函数形式还不知道,需要找出它们之间的经验公式。后一种情况常假设 $x$ 与 $y$ 之间的关系是一个待定的多项式,多项式系数就是待定的未知参数,从而可采用类似于前一种情况的处理方法。

### 3.3.1 最小二乘法原理

在两个观测量中,总有一个量精度比另一个量高得多,为简单起见把精度较高的观测量看作没有误差,并把这个观测量选作 $x$ ,而把所有的误差只认为是 $y$ 的误差。设 $x$ 和 $y$ 的函数关系由理论公式

$$y = f(x; c_1, c_2, \cdots, c_m) \tag{3-13}$$

给出,其中 $c_1, c_2, \cdots, c_m$ 是 $m$ 个要通过实验确定的参数。对于每组观测数据 $(x_i, y_i)(i = 1, 2, \cdots, N)$ ,都对应于 $xOy$ 平面上一个点。若不存在测量误差,则这些数据点都准确落在理论曲线上。只要选取 $m$ 组测量值代入式(3-13),便得到方程组

$$y_i = f(x_i; c_1, c_2, \cdots, c_m) \tag{3-14}$$

式中 $i = 1, 2, \cdots, m$。求 $m$ 个方程的联立解即得 $m$ 个参数的数值。显然,当 $N < m$ 时,参数不能确定。

在 $N > m$ 的情况下,式(3-14)成为矛盾方程组,不能直接用解方程的方法求得 $m$ 个参数值,只能用曲线拟合的方法来处理。设测量中不存在系统误差,或者说系统误差已经修正,则 $y$ 的观测值 $y_i$ 围绕着期望值 $\langle f(x_i; c_1, c_2, \cdots, c_m) \rangle$ 摆动,其分布为正态分布,则 $y_i$ 的概率密度为

$$p(y_i) = \frac{1}{\sqrt{2\pi}\,\sigma_i} \exp\left\{ -\frac{[y_i - \langle f(x_i; c_1, c_2, \cdots, c_m) \rangle]^2}{2\sigma_i^2} \right\}$$

式中,$\sigma_i$ 是分布的标准误差。为简便起见,下面用 $C$ 代表 $(c_1, c_2, \cdots, c_m)$。考虑各次测量是相互独立的,故观测值 $(y_1, y_2, \cdots, y_N)$ 的似然函数

$$L = \frac{1}{(\sqrt{2\pi})^N \sigma_1 \sigma_2 \cdots \sigma_N} \exp\left\{ -\frac{1}{2} \sum_{i=1}^{N} \frac{[y_i - f(x_i; C)]^2}{\sigma_i^2} \right\}$$

取似然函数 $L$ 最大来估计参数 $C$,应使

$$\sum_{i=1}^{N} \frac{1}{\sigma_i^2} [y_i - f(x_i; C)]^2 \,|\, = \min \qquad (3\text{-}15)$$

对于 $y$ 的分布不限于正态分布来说,式(3-15)称为最小二乘法准则。若为正态分布的情况,则最大似然法与最小二乘法是一致的。因权重因子 $\omega_i = 1/\sigma_i^2$,故式(3-15)表明,用最小二乘法来估计参数,要求各测量值 $y_i$ 的偏差的加权平方和为最小。

根据式(3-15)的要求,应有

$$\frac{\partial}{\partial c_k} \sum_{i=1}^{N} \frac{1}{\sigma_i^2} [y_i - f(x_i; C)]^2 \,|_{c=\hat{c}} = 0 \quad (k = 1, 2, \cdots, m)$$

从而得到方程组

$$\sum_{i=1}^{N} \frac{1}{\sigma_i^2} [y_i - f(x_i; C)]^2 \frac{\partial f(x_i; C)}{\partial c_k} \,|_{c=\hat{c}} = 0 \quad (k = 1, 2, \cdots, m)$$

$$(3\text{-}16)$$

解方程组(3-16),即得 $m$ 个参数的估计值 $\hat{c}_1, \hat{c}_2, \cdots, \hat{c}_m$,从而得到拟合的曲线方程 $f(x_i; \hat{c}_1, \hat{c}_2, \cdots, \hat{c}_m)$。

然而,对拟合的结果还应给予合理的评价。若 $y_i$ 服从正态分布,可引入拟合的 $x^2$ 量

$$x^2 = \sum_{i=1}^{N} \frac{1}{\sigma_i^2} [y_i - f(x_i; C)]^2 \qquad (3\text{-}17)$$

把参数估计 $\hat{c} = (\hat{c}_1, \hat{c}_2, \cdots, \hat{c}_m)$ 代入式(3-17)并与式(3-17)比较,便得到最小的 $x^2$ 值

$$x_{\min}^2 = \sum_{i=1}^{N} \frac{1}{\sigma_i^2} \left[ y_i - f(x_i; \hat{c}) \right]^2 \qquad (3-18)$$

可以证明，$x_{\min}^2$ 服从自由度为 $N-m$ 的 $\chi^2$ 分布，由此可对拟合结果作 $\chi^2$ 检验。

由 $\chi^2$ 分布得知，随机变量 $x_{\min}^2$ 的期望值为 $N-m$。如果由式(3-18)计算出 $x_{\min}^2$ 接近 $N-m$（例如 $x_{\min}^2 \leqslant N-m$），则认为拟合结果是可接受的；如果 $\sqrt{x_{\min}^2} - \sqrt{N-m} > 2$，则认为拟合结果与观测值有显著的矛盾。

### 3.3.2　直线的最小二乘法拟合

曲线拟合中最基本和最常用的是直线拟合。设 $x$ 和 $y$ 之间的函数关系由直线方程

$$y = a_0 + a_1 x \qquad (3-19)$$

给出。式中有两个待定参数，$a_0$ 代表截距，$a_1$ 代表斜率。对于等精度测量所得到的 $N$ 组数据 $(x_i, y_i)$，$i = 1, 2, \cdots, N$，$x_i$ 值被认为是准确的，所有的误差只联系着 $y_i$。下面利用最小二乘法把观测数据拟合为直线。

#### 3.3.2.1　直线参数的估计

前面指出，用最小二乘法估计参数时，要求观测值 $y_i$ 的偏差的加权平方和为最小。对于等精度观测值的直线拟合来说，由式(3-15)可使

$$\sum_{i=1}^{N} \left[ y_i - (a_0 + a_1 x_i) \right]^2 \big|_{a = \hat{a}} = \min \qquad (3-20)$$

即对参数 $a$（代表 $a_0, a_1$）最佳估计，要求观测值 $y_i$ 的偏差的平方和为最小。

根据式(3-20)的要求，应有

$$\frac{\partial}{\partial a_0} \sum_{i=1}^{N} \left[ y_i - (a_0 + a_1 x_i) \right]^2 \big|_{a = \hat{a}} = -2 \sum_{i=1}^{N} (y_i - \hat{a}_0 - \hat{a}_1 x_i) = 0$$

$$\frac{\partial}{\partial a_1} \sum_{i=1}^{N} \left[ y_i - (a_0 + a_1 x_i) \right]^2 \big|_{a = \hat{a}} = -2 \sum_{i=1}^{N} (y_i - \hat{a}_0 - \hat{a}_1 x_i) = 0$$

整理后得到正规方程组

$$\begin{cases} \hat{a}_0 N + \hat{a}_1 \sum x_i = \sum y_i \\ \hat{a}_0 \sum x_i + \hat{a}_1 \sum x_i^2 = \sum x_i y_i \end{cases}$$

解正规方程组便可求得直线参数 $a_0$ 和 $a_1$ 的最佳估计值 $\hat{a}_0$ 和 $\hat{a}_1$，即

$$\hat{a}_0 = \frac{\left(\sum x_i^2\right)\left(\sum y_i\right) - \left(\sum x_i\right)\left(\sum x_i y_i\right)}{N\left(\sum x_i^2\right) - \left(\sum x_i\right)^2} \qquad (3-21)$$

$$\hat{a}_1 = \frac{N\left(\sum x_i y_i\right) - \left(\sum x_i\right)\left(\sum y_i\right)}{N\left(\sum x_i^2\right) - \left(\sum x_i\right)^2} \qquad (3-22)$$

#### 3.3.2.2 拟合结果的偏差

由于直线参数的估计值 $\hat{a}_0$ 和 $\hat{a}_1$ 是根据有误差的观测数据点计算出来的，它们不可避免地存在着偏差。同时，各个观测数据点不是都准确地落在拟合线上面的，观测值 $y_i$ 与对应于拟合直线上的 $\hat{y}_i$ 之间也就有偏差。

首先讨论测量值 $y_i$ 的标准差 $S$。考虑式(3-18)，因等精度测量值 $y_i$ 所有的 $\sigma_i$ 都相同，可用 $y_i$ 的标准差 $S$ 来估计，故该式在等精度测量值的直线拟合中应表示为

$$x_{\min}^2 = \frac{1}{S^2} \sum_{i=1}^{N} \left[ y_i - (\hat{a}_0 + \hat{a}_1 x) \right]^2 \qquad (3\text{-}23)$$

已知测量值服从正态分布时，$x_{\min}^2$ 服从自由度为 $N-2$ 的 $\chi^2$ 分布，其期望值

$$\langle x_{\min}^2 \rangle = \left\langle \frac{1}{S^2} \sum_{i=1}^{N} \left[ y_i - (\hat{a}_0 + \hat{a}_1 x_i) \right]^2 \right\rangle = N-2$$

由此可得 $y_i$ 的标准偏差

$$S = \sqrt{\frac{1}{N-2} \sum_{i=1}^{N} \left[ y_i - (\hat{a}_0 + \hat{a}_1 x_i) \right]^2} \qquad (3\text{-}24)$$

这个表示式不难理解，它与贝塞尔公式是一致的，只不过这里计算 $S$ 时受到两参数 $\hat{a}_0$ 和 $\hat{a}_1$ 估计式的约束，故自由度变为 $N-2$ 罢了。

式(3-20)所表示的 $S$ 值又称为拟合直线的标准偏差，它是检验拟合结果是否有效的重要标志。如果 $xOy$ 平面上作两条与拟合直线平行的直线

$$y' = \hat{a}_0 + \hat{a}_1 x - S, \quad y'' = \hat{a}_0 + \hat{a}_1 x + S$$

则全部观测数据点 $(x_i, y_i)$ 的分布如图 3-1 所示，约有 $68.3\%$ 的点落在这两条直线之间的范围内。

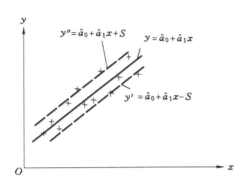

图 3-1　拟合直线两侧数据点的分布

下面讨论拟合参数偏差。由式(3-21)和式(3-22)可见,直线拟合的两个参数估计值 $\hat{a}_0$ 和 $\hat{a}_1$ 是 $y_i$ 的函数。因为假定 $x_i$ 是精确的,所有测量误差只与 $y_i$ 有关,故两个估计参数的标准偏差可利用不确定度传递公式求得,即

$$S_{a_0} = \sqrt{\sum_{i=1}^{N}\left(\frac{\partial \hat{a}_0}{\partial y_i}S\right)^2}, S_{a_1} = \sqrt{\sum_{i=1}^{N}\left(\frac{\partial \hat{a}_1}{\partial y_i}S\right)^2}$$

把式(3-21)与式(3-22)分别代入上两式,便可计算得

$$S_{a_0} = S\sqrt{\frac{\sum x_i^2}{N\left(\sum x_i^2\right)-\left(\sum x_i\right)^2}} \tag{3-25}$$

$$S_{a_1} = S\sqrt{\frac{N}{N\left(\sum x_i^2\right)-\left(\sum x_i\right)^2}} \tag{3-26}$$

### 3.3.3 相关系数及其显著性检验

当我们把观测数据点 $(x_i, y_i)$ 作直线拟合时,还不大了解 $x$ 与 $y$ 之间线性关系的密切程度,为此要用相关系数 $\rho(x, y)$ 来判断。其定义已由式(3-23)给出,现改写为另一种形式,并改用 $r$ 表示相关系数,得

$$r = \frac{\sum_i (x_i - \overline{x})(y_i - \overline{y})}{\left[\sum_i (x_i - \overline{x})^2 \sum_i (y_i - \overline{y})^2\right]^{1/2}} \tag{3-27}$$

式中,$\overline{x}$ 和 $\overline{y}$ 分别为 $x$ 和 $y$ 的算术平均值。$r$ 值范围介于 $-1$ 与 $+1$ 之间,即 $-1 \leqslant r \leqslant 1$。当 $r > 0$ 时直线的斜率为正,称正相关;当 $r < 0$ 时直线的斜率为负,称负相关。当 $|r| = 1$ 时全部数据点 $(x_i, y_i)$ 都落在拟合直线上。若 $r = 0$ 则 $x$ 与 $y$ 之间完全不相关。$r$ 值愈接近 $\pm 1$,则它们之间的线性关系愈密切。

# 3.4 有限单元法

### 3.4.1 有限单元法基本思想

1960 年克拉夫首次引入"有限单元法"这一名词,并发表了平面应力问题的有限单元法。1960—1970 年间基于各种变分原理的有限单元法得到了迅速的发展,Metosh 等应用势能原理建立了有限单元位移模型,Jones、Yamanmuto等应用修正的势能原理建立了混合有限单元模型。迄今为止,有限单元法已经获得了牢固的理论基础并迅速成功地应用到各学科领域,如物理学、热传导、结构力学等。最早将其用于电法勘探的是 Coggon,1971 年他从电磁场总能量最小原理出发,建立了用有限单元法进行电磁模拟的算法;1977 年 Rijo 进一步完善了该算法,使之成为计算二维地电条件下电阻率和激

发极化异常的有效方法;1981 年,Pridmore 等发表了用有限单元法作三维电法和电磁模拟的研究成果;罗延钟等于 1986 年在选用边值条件和反傅氏变换的算法及波数取值等方面做了改进,使整个算法更臻完善。

有限单元法(finite element method,简称 FEM)是一种以变分原理和剖分插值为基础的数值计算方法。用这种方法求解稳定电流场电位,首先,要利用变分原理将给定边值条件下求解电位 $U$ 的微分方程问题,等价地变成求解相应的变分方程,也就是所谓泛函的极值问题;然后,离散化连续的求解区,即按一定的规则将求解区域剖分为一些在节点处相互连接的网格单元,进而在各单元上近似地将变分方程离散化,导出以各节点电位值为变量的高阶线性方程组;最后,解此方程组算出各节点的电位值,得到空间场的分布,以表征稳定电流场的空间分布。

实践证明这是一种非常有效的数值分析方法,从理论上也证明,只要用于离散分解对象的单元足够小,所得到的解就可足够逼近于精确值。有限单元法的发展、完善和应用与计算机技术的发展密切相关。近 20 年来计算机的运算速度和容量以惊人的速度提高,使有限单元法的求解能力迅速增强。

### 3.4.2　有限单元计算方法

#### 3.4.2.1　基本方程

(1)稳定电流场位函数 $U$ 所满足的微分方程为

$$\nabla \cdot (\sigma \nabla U) = - I\delta(\boldsymbol{r} - \boldsymbol{r}_A) \tag{3-28}$$

对均匀介质,即电导率 $\sigma$ 为常数,上式便为泊松方程 $\nabla^2 U = - I\rho\delta(\boldsymbol{r} - \boldsymbol{r}_A)$,若在无源空间,上式便为拉普拉斯方程 $\nabla^2 U = 0$。

(2)位函数所满足的边界条件和衔接条件如下。

① 边值条件。由于电法所研究的稳定电流场分布于地下整个半空间,为了减少计算工作量,在求解边值问题时,通常把计算范围限定在一个有限的区域内。这样,便需要在求解区域的边界 $\Gamma$ 上,对电位函数 $U(x,y,z)$ 赋予已知值。可见,为了求解位场问题,还必须考虑所研究区域的边界上的位场分布状况,即边值条件。一般有三种类型的边值条件。

(a)第一类边值条件:

$$U(x,y,z) \mid_\Gamma = g(x,y,z) \tag{3-29}$$

式中,$\Gamma$ 表示所研究区域 $\Omega$ 的边界面,$g(x,y,z)$ 是定义在 $\Gamma$ 上的已知函数。

(b)第二类边值条件:

$$\frac{\partial U}{\partial n} \mid_\Gamma = g(x,y,z) \tag{3-30}$$

式中,$n$ 是 $\Gamma$ 的外法线。

（c）第三类边值条件：

$$\left(\frac{\partial U}{\partial n} + AU\right)\Big|_{\Gamma} = g(x, y, z) \qquad (3\text{-}31)$$

式中，$A$ 为已知正数。

② 衔接条件。在所研究的区域 $\Omega$ 内，两种具有电导率为 $\sigma_1$ 和 $\sigma_2$ 的岩石交界面处，电位和电流密度法向分量满足以下衔接条件：

（a）由于电位的连续性，在交界面处有

$$U_1(x, y, z) = U_2(x, y, z) \qquad (3\text{-}32)$$

（b）由于电流密度法向分量的连续性，在交界面处有

$$\sigma_1 \frac{\partial U_1}{\partial n} = \sigma_2 \frac{\partial U_2}{\partial n} \qquad (3\text{-}33)$$

式中，$n$ 为交界面的法线方向。

**3.4.2.2 稳定电流场的变分问题**

在二维地电条件下，点电流源场的计算可归结为对若干个给定波数 $\lambda$ 求解电位的傅氏变换 $V(\lambda, x, z)$ 所满足的如下二维偏微分方程的边值问题

$$\begin{cases} \dfrac{\partial}{\partial x}\left(\sigma\dfrac{\partial V}{\partial x}\right) + \dfrac{\partial}{\partial z}\left(\sigma\dfrac{\partial V}{\partial z}\right) - \lambda^2 \sigma V = f_1 \\[2mm] \dfrac{\partial V}{\partial n}\Big|_{\Gamma_1} = 0 \\[2mm] \left[AV + \dfrac{\partial V}{\partial n}\right]_{\Gamma_2} = 0 \end{cases} \qquad (3\text{-}34)$$

式中，$f_1 = -\sum\limits_{k=1}^{n} I_k \delta(x - x_k, z - z_k)$，$I_k$ 为第 $k$ 个点电流源的电流。

与二维偏微分方程边值问题等价的变分问题为

$$J(V) = \iint_s \left\{\sigma\left[\left(\frac{\partial V}{\partial x}\right)^2 + \left(\frac{\partial V}{\partial z}\right)^2 + \lambda^2 V^2\right] + 2f_1 V\right\}\mathrm{d}s + \int_{\Gamma_2} \sigma A V^2 \mathrm{d}l = \min$$

$$(3\text{-}35)$$

求出变换电位 $V(x, y, z)$ 之后，便可按下式作傅立叶逆变换计算电位

$$U(x, y, z) = \frac{2}{\pi}\int_0^{\infty} V(x, y, z)\cos(\lambda y)\mathrm{d}y \qquad (3\text{-}36)$$

**3.4.2.3 区域离散化**

区域离散化即对连续求解区域作网格剖分，为使程序简化并满足正演计算和反演成像精度要求，在每一矩形中再布置交叉对称三角剖分，以每一个三角形作为基本单元，对变分问题离散化。

（1）网格划分基本原则

对于二维电法问题，最常用的是三角单元，这种在矩形网格中布置交叉对

称三角形的剖分网格可以足够近似地模拟一般常见的不平地形和电性异常体,同时又能节省计算量。根据有限元法及二维电场的特点,网格剖分应注意以下几个基本原则:

① 各三角单元不能重叠,不能有公共内点。

② 网格剖分要遍及整个待解场域,当边界为直线时可直接取为线元,当边界为曲线时,应先将曲线边界分段线性化后再取为线元。

③ 网格剖分愈细,计算精度愈高,但计算量也愈大,所以在满足一定精度要求下,应尽量减少网格单元的数目。

④ 对非均匀介质模型,每个三角单元中只能含有一种介质,电导率为常数。

⑤ 为节省计算机内存,网格节点编号应使有限元方程的总系数矩阵带宽尽可能小。

⑥ 在电场变化剧烈的地方,网格应划分得细一些,而在电场变化平缓的地方,网格应划分得粗一些,这样可以减少单元总量。但网格的疏密应是逐渐过渡的。

（2）网格编排

节点编号按从左到右、从上到下依次编排。有限单元计算网格剖分可以在执行程序时输入有关参数自动生成,根据成像区域大小网格可以自动放大或缩小,每个矩形单元的边长也是可以随意变化的,这些均可由输入参数来控制。有限单元法网格剖分示意图如图 3-2 所示。

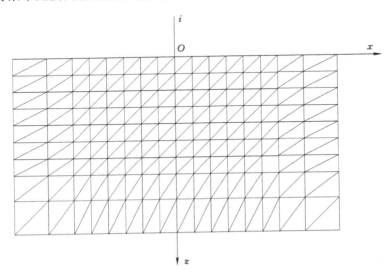

图 3-2　有限单元法网格剖分示意图

应指出网格划分越密,正演计算精度越高,对图像分辨能力越高。但网格剖分过小会增加工作量,而且影响反演迭代计算的稳定性,应针对实际问题,选用合理网格剖分。

### 3.4.2.4 线性插值

为了计算二次函数 $J(V)$ 需要知道求解区域内的 $V$ 函数值,通常利用各节点函数值在各个单元内作线性内插来求 $V$ 值,如图 3-3 所示三角单元。

图 3-3 有限单元法网格剖分中的三角单元

设第 $e$ 个单元三个节点按逆时针方向编号依次为 $i,j$, $m$,其坐标分别为 $(x_i,z_i)$,$(x_j,z_j)$,$(x_m,z_m)$,对应节点函数值为 $V_i$,$V_j$,$V_m$,单元内函数 $V$ 是线性变化的,即

$$V(x,z) = a + bx + cz \tag{3-37}$$

单元 $e$ 内线性插值函数 $V(x,z)$,可近似表示成定点上傅氏电位 $V_i$,$V_j$,$V_m$ 的线性函数

$$V(x,z) = N_i(x,z)V_i + N_j(x,z)V_j + N_m(x,z)V_m \tag{3-38}$$

式中,$N_i$,$N_j$,$N_m$ 为基函数。

将每个单元都做出这种近似表示式,就得到整个求解区域内 $V$ 的总体近似函数,此函数在各单元内是线性的,对任意的两个单元来讲,近似函数在公共边上的值被两端点的节点函数值唯一确定,故总体近似函数在整个求解区内是连续的。

### 3.4.2.5 变分问题离散化

二维变分问题中的泛函数 $J(V)$ 是对整个求解区域积分的,它可表示为各个单元的积分 $J_e(V)$ 之和

$$J(V) = \sum_e J_e(V) \tag{3-39}$$

式中,$J_e(V)$ 可根据各单元 $e$ 内函数 $V$ 的线性插值近似式求得。

(1)单元分析

单元内 $\sigma$ 为常量,三角单元 $e$ 上的泛函可写为

$$J_e(V) = \frac{1}{2}\sigma_e\iint_e\left[\left(\frac{\partial V}{\partial x}\right)^2 + \left(\frac{\partial V}{\partial z}\right)^2\right]\mathrm{d}x\mathrm{d}z - \iint_e VI_A\delta(x-x_A,z-z_A)\mathrm{d}x\mathrm{d}z \tag{3-40}$$

式中,$\sigma_e$ 为单元 $e$ 内的电导率值;$I_A$ 为线电流源强度。

(2)总体合成

将所有单元的 $J_e(V)$ 相加,得到整个求解区域泛函 $J(V)$。

(3)求泛函 $J(V)$ 的极值

以上将泛函 $J(V)$ 离散化为所有节点函数值 $V_1,V_2,\cdots,V_N$ 的多元函数

后,变分问题就变成多元函数的极值问题,即 $J(V_1,V_2,\cdots,V_N) = \min$。我们的目标是求出函数 $V$ 使泛函极小。此时应有

$$\frac{\partial J(V)}{\partial V_i} = 0 \quad (i = 1,2,\cdots,N) \tag{3-41}$$

经推导最终便把连续的变分问题,离散化为线性方程组的求解问题: $KV = I$。$K$ 为总刚度矩阵,其元素为所有单元刚度矩阵 $K^e$ 之和,即 $K = \sum_e K^e$。$I$ 为与供电点有关的列矢量,因此供电点只与方程右端项有关,而与方程的系数矩阵无关。计算不同供电点场分布,只需要形成和分解一次刚度矩阵,对于不同供电点形成右项,逐次代入得到不同节点傅氏电位值。与形成和分解矩阵相比回代计算量小,因此计算多个供电位置的电场,计算量增加也不大,可提高剖面法计算速度。$V$ 为待求的傅氏电位矢量。

### 3.4.2.6 线性方程组解法

系数矩阵 $K$ 是一个对称、正定方阵,其阶数等于节点总数,并且大部分元素为 0,非 0 元素分布在对角线下附近的一个条带内。为了减少存储量和计算工作量,对矩阵 $K$ 可采用缩紧存储方式。因 $K$ 为一带状分布,故可以只存储带状内部元素,由于 $K$ 为对称矩阵,故只存储半带状元素,半带宽为 $N_z + 2$。$N_z$ 为网格纵向节点数目,这样可大量节省存储单元,同时也减少计算量。由于矩阵 $K$ 的对称和正定性,本书采用乔勒斯基 $LL^T$ 分解法求解方程。

### 3.4.2.7 反傅氏变换的计算

在对若干个不同的波数 $\lambda$ 值分别求出各节点的傅氏电位 $V$ 后,对其进行反傅氏变换,可得各节点电位 $U$ 值。通常在求解地面电法的正演问题时,并不需要确定求解区所有节点的电位,只要计算供电点周围一定范围内地面节点的电位值。实际上只能对有限个离散的波数 $\lambda$ 值求出节点函数值 $V$,计算 $V$ 的波数越多,分布越密,则由 $V$ 计算 $U$ 的近似性越好,精度越高。因为改变波数 $\lambda$ 时,刚度矩阵也随之改变,故对于每一个波数 $\lambda$ 值,都需要重新形成和分解刚度矩阵及重新作回代,以计算相应的节点函数值 $V$,因此计算量随所用波数的个数增加近于成正比地增大。所以反傅氏变换问题归结于用尽量少的波数及相应的节点函数 $V$ 值,计算出符合精度要求的节点电位 $U$ 值。通常只计算和供电点在同一断面内的节点电位值,$y = 0$。

$$U(x,0,z) = \frac{2}{\pi}\int_0^\infty V(x,\lambda,z)\mathrm{d}\lambda \tag{3-42}$$

因函数 $V$ 随波数 $\lambda$ 迅速衰减,我们可用数值积分方法对有限个离散波数 $\lambda$ 求出节点函数值 $V$,从而得到上式的近似值。

### 3.4.2.8  视电阻率及其定性分析方法

在均匀大地条件下,用一定电极装置或排列向地下供电,供电电流强度记为 $I$,观测电位差后记为 $\Delta U$,可计算大地的真电阻率。

然而在野外实际条件下,地表通常不是水平,地下介质也呈各向异性、非均匀分布。大地电阻率不均匀时算得的参数,一般不等于不均匀大地某一部分的真电阻率,但与不均匀大地各部分的真电阻率的分布有关。我们称这个看起来像电阻率,即具有电阻率的量纲的参数为视电阻率,记为 $\rho_s$。视电阻率实质上是在电场分布有效作用范围内,各种地质体电阻率的综合影响结果。只有在地下介质均匀且各向同性的情况下,$\rho_s$ 和 $\rho$ 才相同。在实际工作中,一般测得的都是视电阻率。

$$\rho_s = K \frac{\Delta U_{MN}}{I} \tag{3-43}$$

我们通过在地表观测视电阻率的变化,便可揭示地下电性不均匀地质体的存在和分布,这就是电阻率法所能够解决有关地质问题的基本物理依据。

### 3.4.3  有限单元法的特点和优点

(1)把二次泛函的极值问题等价于求解一组多元线性方程组,这是一种从部分到整体的方法,可使分析过程大为简化。

(2)对于连续的区域离散化,采用在矩形网格中对称三角网格剖分,比较灵活,能较好地逼近不规则的地面和电性异常体;且易于按需要加密和放稀剖面网格,有利于实现以较少的计算量达到较高的计算精度。

(3)利用有限单元法分析场问题,只要剖分处理得当,求解精度则较高。

(4)有限单元法可以成功地用于多种介质和非均匀连续介质问题,这是其他数值方法较难处理的问题,对于有限单元却很容易经过简单的办法处理,只要对不同的单元规定不同的性质即可。多种介质和非均匀介质是物探场域的基本特征,因此有限单元法的这个优点对物探来说是难得的。

(5)约束处理后的有限单元方程系数矩阵是正定的,保证了解存在的唯一性,而且系数矩阵是稀疏的,可大大减少计算量和简化计算过程。

(6)但有限单元法不太适用于电性边界有限而位场域无限的情况,即使只需对地面上个别点求解位场值时,它也必须同时对所有内域节点上的位场值求解一个阶数等于节点数的联立方程组,尽管方程组的系数矩阵是对称而稀疏的,但计算量仍是相当庞大的。存在着一个随着计算精度要求不断提高,且数值求解的收敛性急剧变差的问题。

(7)只要解出各个节点值后,其区域内部的值计算较容易,方法很有规则,易于在计算机上实现。

### 3.4.4 有限单元程序流程图

有限单元程序流程图如图 3-4 所示。

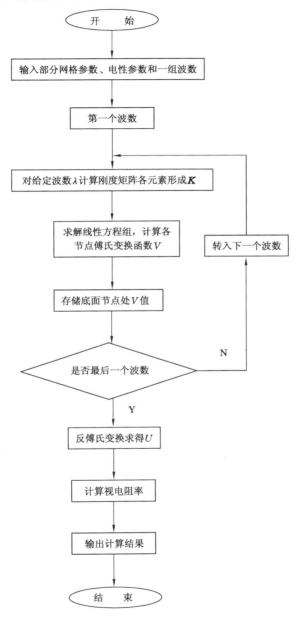

图 3-4　电阻率法二维有限单元正演模拟流程图

# 3.5 有限差分法

### 3.5.1 点电源二维有限差分法

在电阻率为 $\rho$ 的介质中电位分布服从泊松方程(3-44),有限差分法是求解泊松方程的直接方法,首先是把变量离散化,然后用差商近似地替代微分方程中的微商,把要解的边值问题转化为一组相应的差分方程,然后解出差分方程组在各个离散点上的函数值便得到边值问题的数值解。泊松方程可以通过采用拉普拉斯算子表述如下

$$LU = -2I\delta(A) \tag{3-44}$$

式中　$L$ ——拉普拉斯算子;

　　　$U$ ——电位;

　　　$I$ ——电流强度。

在二维问题中,通过对求解区域采用网格剖分离散化(图 3-5),网格的交点称为节点,任一节点的坐标可以用 $(x,z)$ 表示,在边界线以内的节点称为内节点,边界上的节点称为边界节点。对于内节点,电位函数 $U$ 在点 $(x,z)$ 处的泰勒级数展开式为

 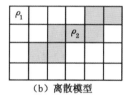

**(a)连续模型**　　　　　　　**(b)离散模型**

图 3-5　连续电阻率模型有限差分模拟的离散化电阻率单元图

$$V(x+h,z+k) = V(x,z) + h\frac{\partial V}{\partial x} + k\frac{\partial V}{\partial z} + \frac{h^2}{2}\frac{\partial^2 V}{\partial x^2} +$$

$$hk\frac{\partial^2 V}{\partial x \partial z} + \frac{k^2}{2}\frac{\partial^2 V}{\partial z^2} + o\left[(|h|+|k|)^3\right] \tag{3-45}$$

式中　$h$ ——水平网格步长;

　　　$k$ ——垂直网格步长;

　　　$o$ ——截断误差。

为了导出拉普拉斯算子的有限差分近似,对于均匀连续介质,给出一个均匀的有限差分网格如图 3-6 所示,这里 $h_E = h_w = h$ 以及 $h_N = h_S = k$,网格节点坐标 $(i\Delta x, j\Delta z)$ 用网格节点 $(i,j)$ 表示。节点 $(i-1,j)$ 和 $(i+1,j)$ 处

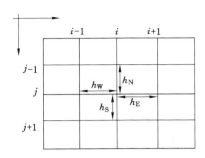

图 3-6　二维差分计算网格示意图

的电位 $U_{i-1,j}$ 和 $U_{i+1,j}$ 可以通过关于 $U_{i,j}$ 的泰勒级数展开给出

$$U_{i-1,j} = U_{i,j} - hU_\lambda + \frac{h^2}{2!}U_{\lambda\lambda} - \frac{h^3}{3!}U_{\lambda\lambda\lambda} + \cdots \tag{3-46}$$

$$U_{i+1,j} = U_{i,j} + hU_\lambda + \frac{h^2}{2!}U_{\lambda\lambda} + \frac{h^3}{3!}U_{\lambda\lambda\lambda} + \cdots \tag{3-47}$$

式中，$h = \Delta x$；$U_\lambda = \dfrac{\partial U}{\partial x}\bigg|(i,j)$；$U_{\lambda\lambda} = \dfrac{\partial^2 U}{\partial x^2}\bigg|(i,j)$；$\cdots$。

电位的一阶和二阶偏导数的有限差分近似用下式表示

$$\frac{\partial U}{\partial x} = \frac{U_{i+1,j} - U_{i-1,j}}{2h} + o[h^2] \tag{3-48}$$

$$\frac{\partial^2 U}{\partial x^2} = \frac{U_{i+1,j} - 2U_{i,j} + U_{i-1,j}}{h^2} + o[h^2] \tag{3-49}$$

同样得

$$\frac{\partial^2 U}{\partial z^2} = \frac{U_{i,j+1} - 2U_{i,j} + U_{i,j-1}}{k^2} + o[k^2] \tag{3-50}$$

式中，$k = \Delta z$。

由式(3-49)和式(3-50)可以得出均匀矩形网格上拉普拉斯算子的有限差分近似为

$$\nabla^2 U = \frac{\partial^2 U}{\partial x^2} + \frac{\partial^2 U}{\partial z^2} \approx \left( \frac{U_{i+1,j} - 2U_{i,j} + U_{i-1,j}}{h^2} + \frac{U_{i,j+1} - 2U_{i,j} + U_{i,j-1}}{k^2} \right) \tag{3-51}$$

对于正方形网格，$h = k$，拉普拉斯算子在节点 $(i,j)$ 处的差分近似为

$$\nabla^2 \Rightarrow \frac{1}{h^2} \begin{bmatrix} 0 & 1 & 0 \\ 1 & -4 & 1 \\ 0 & 1 & 0 \end{bmatrix} \tag{3-52}$$

式（3-51）或式（3-52）通常被称为五点差分近似。

### 3.5.2 正交五点有限差分格式

上面的方法假设 $\sigma$（电导率）是一个常数，不能被用于任意电导率分布。对于任意的电导率 $\sigma$（非常数），泊松方程如下所示

$$\nabla \cdot (\sigma \nabla U) = \nabla \sigma \nabla U + \sigma \nabla^2 U = -2I\delta(A) \tag{3-53}$$

由于式（3-53）需要另外计算电位梯度和电导率梯度的乘积，问题的复杂性增加，而且，如果 $\nabla \sigma$ 增大方法可能变得不精确，对于任意电导率分布和矩形差分网格，Mufti 给出了五点有限差分近似方法。Mufti 实际上是把拉普拉斯算子的近似分成三步：

（1）用泰勒级数展开把相邻网格节点之间的电位函数 $U$ 的一阶导数近似为有限差分；

（2）用近似一阶导数乘以它们相应的电导率；

（3）应用泰勒级数对乘积做一阶导数近似获得最后的有限差分模型。

这个方法中首先涉及从非均匀网格到均匀网格的拉普拉斯算子的映射，如图 3-7 所示，可以通过引入坐标 $(\eta, \xi)$ 将不均匀有限差分网格的笛卡儿坐标 $(x, z)$ 映射为均匀有限差分网格坐标，即

$$\begin{cases} x = x(\eta) \\ z = z(\xi) \end{cases} \tag{3-54}$$

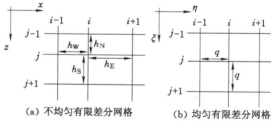

（a）不均匀有限差分网格　　　　（b）均匀有限差分网格

图 3-7　不均匀差分网格到均匀差分网格的映射图

用下面的坐标转换可以将泊松方程从 $(x, z)$ 网格坐标映射到 $(\eta, \xi)$ 网格坐标

$$\begin{cases} \nabla U = \dfrac{1}{h_1} \dfrac{\partial U}{\partial \eta} \hat{\eta} + \dfrac{1}{h_2} \dfrac{\partial U}{\partial \xi} \hat{\xi} \\ \nabla \cdot (\sigma \nabla U) = \dfrac{1}{h_1 h_2} \left[ h_2 \dfrac{\partial}{\partial \eta} \left( S_\eta \dfrac{\partial U}{\partial \eta} \right) + h_1 \dfrac{\partial}{\partial \xi} \left( S_\xi \dfrac{\partial U}{\partial \xi} \right) \right] = -S(\eta, \xi) \end{cases}$$
$$\tag{3-55}$$

式中，$h_1 = \dfrac{\partial x}{\partial \eta}$，$h_2 = \dfrac{\partial z}{\partial \xi}$，$S_\eta = \dfrac{\sigma}{h_1}$，$S_\xi = \dfrac{\sigma}{h_2}$，$\sigma = \dfrac{1}{\rho}$。然后电位的一阶偏导数可以用

泰勒级数展开近似为

$$\begin{cases} \left.\dfrac{\partial U}{\partial \eta}\right|_{(i-\frac{1}{2},j)} \approx \dfrac{U_{i,j}-U_{i-1,j}}{q} = \dfrac{U_C - U_W}{q} \\[3mm] \left.\dfrac{\partial U}{\partial \eta}\right|_{(i+\frac{1}{2},j)} \approx \dfrac{U_{i+1,j}-U_{i,j}}{q} = \dfrac{U_E - U_C}{q} \end{cases} \tag{3-56}$$

以及

$$\begin{cases} \left.\dfrac{\partial U}{\partial \xi}\right|_{(i,j-\frac{1}{2})} \approx \dfrac{U_{i,j}-U_{i,j-1}}{q} = \dfrac{U_C - U_N}{q} \\[3mm] \left.\dfrac{\partial U}{\partial \xi}\right|_{(i,j+\frac{1}{2})} \approx \dfrac{U_{i,j+1}-U_{i,j}}{q} = \dfrac{U_S - U_C}{q} \end{cases} \tag{3-57}$$

式中　$q$——均匀网格间隔；

　　　C——中心节点；

　　　N,S,W,E——和中心节点相邻的上、下、左、右节点。

于是均匀差分网格中心节点$(i,j)$处的拉普拉斯项可以近似为

$$\begin{cases} \dfrac{\partial}{\partial \eta}\left(S_\eta \dfrac{\partial U}{\partial \eta}\right)_{(i,j)} \approx \dfrac{\left(S_\eta \dfrac{\partial U}{\partial \eta}\right)_{(i+\frac{1}{2},j)} - \left(S_\eta \dfrac{\partial U}{\partial \eta}\right)_{(i-\frac{1}{2},j)}}{q} \\[5mm] \dfrac{\partial}{\partial \xi}\left(S_\xi \dfrac{\partial U}{\partial \xi}\right)_{(i,j)} \approx \dfrac{\left(S_\xi \dfrac{\partial U}{\partial \xi}\right)_{(i,j+\frac{1}{2})} - \left(S_\xi \dfrac{\partial U}{\partial \xi}\right)_{(i,j-\frac{1}{2})}}{q} \end{cases} \tag{3-58}$$

$S_\eta$ 和 $S_\xi$ 可表示为

$$\begin{cases} S_\eta|_{(i-\frac{1}{2},j)} = \left.\dfrac{\sigma}{h_1}\right|_{(i-\frac{1}{2},j)} \approx \left(\sigma \dfrac{\Delta \eta}{\Delta x}\right)_{(i-\frac{1}{2},j)} = \sigma_W \dfrac{\eta_{i+1,j}-\eta_{i,j}}{x_{i+1,j}-x_{i,j}} = \sigma_W \dfrac{q}{h_W} \\[4mm] S_\eta|_{(i+\frac{1}{2},j)} = \sigma_E \dfrac{q}{h_E} \\[4mm] S_\xi|_{(i,j-\frac{1}{2})} = \sigma_N \dfrac{q}{h_N} \\[4mm] S_\xi|_{(i,j+\frac{1}{2})} = \sigma_S \dfrac{q}{h_S} \end{cases}$$

$$\tag{3-59}$$

式中　$\sigma_W$——节点$(i,j)$和$(i-1,j)$之间的电导率；

　　　$\sigma_E$——节点$(i,j)$和$(i+1,j)$之间的电导率；

　　　$\sigma_N$——节点$(i,j)$和$(i,j-1)$之间的电导率；

　　　$\sigma_S$——节点$(i,j)$和$(i,j+1)$之间的电导率。

另外,泊松方程(3-55)中的 $h_1$ 和 $h_2$ 可以由下式表示

$$\begin{cases} h_1 \big|_{(i,j)} \approx \dfrac{\Delta x}{\Delta \eta} \bigg|_{(i,j)} = \dfrac{x_{i+1,j} - x_{i-1,j}}{\eta_{i+1,j} - \eta_{i-1,j}} = \dfrac{h_W + h_E}{2q} \\ h_2 \big|_{(i,j)} \approx \dfrac{\Delta z}{\Delta \xi} \bigg|_{(i,j)} = \dfrac{z_{i+1,j} - z_{i-1,j}}{\xi_{i+1,j} - \xi_{i-1,j}} = \dfrac{h_N + h_S}{2q} \end{cases} \tag{3-60}$$

由式(3-56)和式(3-57),对于任意电导率分布的不规则网格,泊松方程左端项的一般形式的五点有限差分近似可表示为

$$\nabla \cdot (\sigma \nabla U) C_n \approx \dfrac{\left[ \begin{array}{c} \dfrac{h_N + h_S}{h_E h_W} [\sigma_E h_W U_E + \sigma_E h_E U_W - (\sigma_E h_W + \sigma_W h_E) U_C] + \\ \dfrac{h_E + h_W}{h_N h_S} [\sigma_S h_N U_S + \sigma_N h_S U_N - (\sigma_S h_N + \sigma_N h_S) U_C] \end{array} \right]}{\dfrac{[h_E + h_W (h_N + h_S)]}{2}} \tag{3-61}$$

对于步长为 $h$ 的均匀正方形网格,节点 C 处的拉普拉斯算子一般形式的五点差分近似为

$$\nabla \cdot \sigma \nabla \Rightarrow \dfrac{1}{h^2} \begin{bmatrix} 0 & \sigma_N & 0 \\ \sigma_W & -(\sigma_W + \sigma_E + \sigma_S + \sigma_N) & \sigma_E \\ 0 & \sigma_S & 0 \end{bmatrix} \tag{3-62}$$

### 3.5.3　边值问题

当介质的电导率沿 $y$ 方向无变化,电场为三维空间的函数时

$$\dfrac{\partial}{\partial x} \left[ \sigma(x,z) \dfrac{\partial U(x,y,z)}{\partial x} \right] + \dfrac{\partial}{\partial y} \left[ \sigma(y,z) \dfrac{\partial U(x,y,z)}{\partial y} \right] + \dfrac{\partial}{\partial z} \left[ \sigma(x,z) \dfrac{\partial U(x,y,z)}{\partial z} \right]$$
$$= -2 I \delta(x - x_A, y, z - z_A) \tag{3-63}$$

对上式两端作傅立叶变换得

$$\dfrac{\partial}{\partial x} \left[ \sigma(x,z) \dfrac{\partial V(x,\lambda,z)}{\partial x} \right] + \dfrac{\partial}{\partial z} \left[ \sigma(x,z) \dfrac{\partial V(x,\lambda,z)}{\partial z} \right] - \lambda^2 \sigma(x,z) V(x,\lambda,z)$$
$$= -I \delta(x - x_A, y, z - z_A) \tag{3-64}$$

式中,$\lambda$ 为空间波数。

将上式转换为偏微分方程。对若干给定的 $\lambda$ 值求解方程(3-38)得 $V(x,\lambda,z)$ 后对其进行傅立叶逆变换可得待求电位

$$U(x,y,z) = \dfrac{2}{\pi} \int_0^\infty V(x,\lambda,z) \cos(\lambda y) \mathrm{d}\lambda \tag{3-65}$$

# 3.6　井下三维电法反演程序

### 3.6.1　反演的一般步骤

（1）数据格式转换：将使用电法仪自动采集的数据转换为 RES3DINV 反演程序所需的格式。

（2）运行反演程序：点击 C:\3DRES 目录里的 3DRES.EXE 即可运行。

（3）输入数据：点击"文件"→"读数据文件"，选中转换好的数据（.dat）。

（4）反演：点击"反演"→"执行反演"，提示保存将要得到的反演结果（.inv）后，程序便开始用默认反演参数进行反演，在屏幕最下方会显示反演进程。

依据数据量大小、反演参数不同以及计算机硬件配置好坏，反演需要花一段时间，请耐心等待，反演完毕后，会提示是否增加迭代次数，程序默认迭代 5 次，如无须继续迭代，请输入 0。

（5）保存反演图件：点击"输出"→"保存为 BMP 或 PCX 文件"。

（6）打开反演结果：点击"显示"→"显示反演结果"即可进入反演结果显示窗口，点击"文件"→"打开反演结果"即可打开先前保存的反演结果（.inv），点击"显示"→"显示反演结果"即可显示该反演结果。

（7）三维图像格式输出：生成电阻率三维数据体文件，供可视化分析软件进一步分析解释。

### 3.6.2　各菜单功能介绍

#### 3.6.2.1　"文件"菜单

当选择了"文件"选项后，将会出现如图 3-8 所示子菜单项。

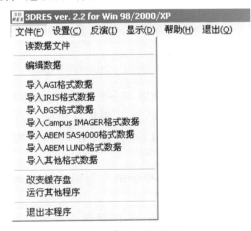

图 3-8　"文件"菜单

读数据文件:选择该项后,当前目录下扩展名为 DAT 的文件将会被列出,如果列出文件的数据格式符合程序要求,数据将被读入程序进行反演运算。

视电阻率数据文件是以 ASCII 文本文件保存的,可以利用通用文本编辑器输入、修改数据。基本数据格式如下:

| Example. DAT 数据文件 | | | | | 说明 |
|---|---|---|---|---|---|
| Example | | | | | 标题 |
| 50 | | | | | $x$ 方向网格数 |
| 10 | | | | | $y$ 方向网格数 |
| 10 | | | | | $x$ 方向电极距 |
| 10 | | | | | $y$ 方向电极距 |
| 2 | | | | | 装置种类,输入 2 表示是 二极(pole-pole)装置 |
| 6000 | | | | | 数据量 |
| 0.00 | 0.00 | 0.50 | 0.00 | 350.46 | 供电极 $x$、$y$ 位置,测量电极 $x$、$y$ 位置,视电阻率值 |
| 0.00 | 0.00 | 1.00 | 0.00 | 398.05 | |
| 0.00 | 0.00 | 1.50 | 0.00 | 424.08 | |
| 0.00 | 0.00 | 2.00 | 0.00 | 413.83 | |
| 0.00 | 0.00 | 2.50 | 0.00 | 373.76 | |
| . | | | | | 其他数据点 |
| . | | | | | |
| . | | | | | |
| 0 | | | | | 随后用几个 0 作结束标志 |
| 0 | | | | | |
| 0 | | | | | |
| 0 | | | | | |
| 0 | | | | | |

### 3.6.2.2 "设置"菜单

程序为阻尼因子及其他变量预置了一套参数,对大多数数据而言,使用这套参数一般可以达到较满意的结果,在某些特殊情况下,可以通过调节参数,控制程序运行获得更好的效果。选择"设置"菜单后,出现如图 3-9 所示的菜单界面。

(1)选择"反演参数"子项后,将会出现如图 3-10 所示对话框,在这里可以输入相关参数。

① 初始阻尼因子和最小阻尼因子:如果数据噪声较大,输入一个相对较大的阻尼因子,例如 0.3;如果数据噪声较小,则输入一个较小的阻尼因子,例

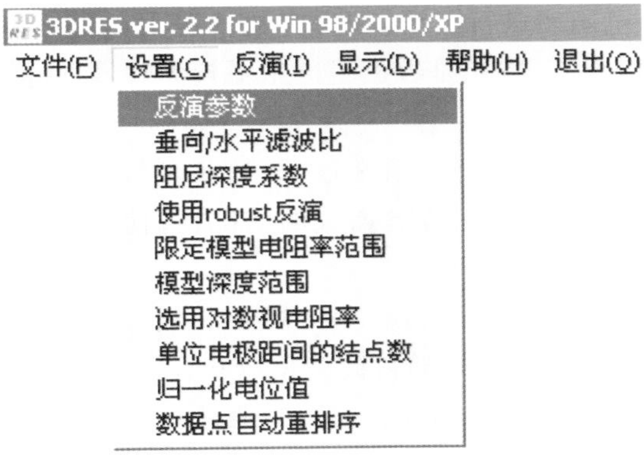

图 3-9  "设置"菜单

如 0.1。反演子程序一般会在每次迭代后减小阻尼因子,无论如何,设定的阻尼因子必须能确保反演进程的稳定,最小阻尼因子一般设为初始阻尼因子的 1/15~1/5。

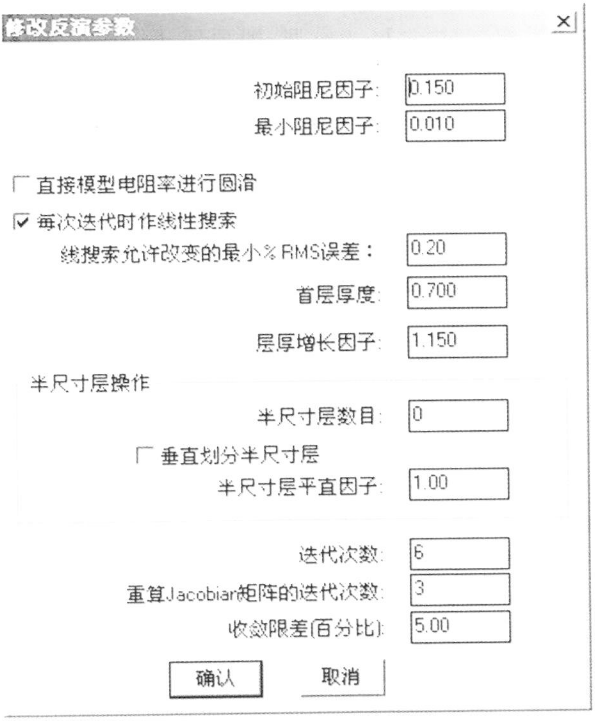

图 3-10  修改反演参数

② 直接模型电阻率进行圆滑:在大多数情况下,提供的模型电阻率较为圆滑。但在某些情况下,特别是数据噪声水平较大时,要取得较好的效果必须对模型电阻率进行圆滑约束处理。

③ 每次迭代时作线性搜索:通常地,矢量 **d** 参数的改变将会带来较低的均方根(RMS)误差。但对于 RMS 增大的情况,可使用线性搜索的方法获得较好的反演结果。

④ 线性搜索允许改变的最小%RMS 误差:线性搜索的使用可以预估视电阻率 RMS 误差的改变,如果期待改变的视电阻率 RMS 误差太小,就不必使用线性搜索来确定最优步长,通常使用的值是 0.1%～1%。

⑤ 首层厚度:给定反演模型首层厚度与最小单位电极距的比值。针对二极(pole-pole)装置,一般设定为最小单位电极距的 70%。对于其他装置,首层厚度应根据装置的观测深度进行调整。

⑥ 层厚增长因子:因为电阻率法分辨率随深度的增加而减小,因此反演模型的层厚度应随深度的增加而增大,该系数可在 1.05～1.25 进行调整,缺省时,默认模型层厚增加因子为 1.15。

⑦ 半尺寸层操作:使用半尺寸模型,即顶部几层的模型块的宽度和厚度一分为二。

⑧ 迭代次数:反演程序设定的最大迭代次数,缺省时默认最大迭代次数为 6 次,对大多数数据集而言,这一迭代数已经足够,当反演迭代次数达到最大次数时,程序将会提示是否增加迭代次数以继续进行反演运算,一般最大迭代次数不宜超过 10 次。

⑨ 收敛限差:这是为两迭代间 RMS 误差的相对改变值设定一个较小的限定值,缺省时为 5%。

(2) 选择 robust 反演:传统的最小二乘法尽量使测量值和计算值之间的均方误差达到最小,强制约束法则尽量使测量值和计算值之间的绝对差值达到最小,这一方法对高噪声数据有较低的灵敏度,本功能的对话框如图 3-11 所示。

(3) 限定模型电阻率范围:当选择该功能后,显示如图 3-12 所示对话框。

本选项允许对反演输出模型的电阻率值进行限定。图 3-12 中,电阻率上限值为 25,即允许电阻率最大值是每次迭代后模型电阻率平均值的 25 倍;电阻率下限值是 0.04,即允许电阻率最小值是每次迭代后模型电阻率平均值的 40%。但在实际反演中,总会有部分电阻率值适当超出设置的限定范围,这一限定可以保证反演得出的模型电阻率值不会出现过大或过小等与实际情况严重不符的现象。

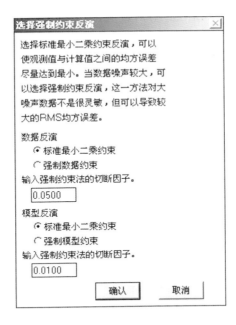

图 3-11　选择强制约束反演

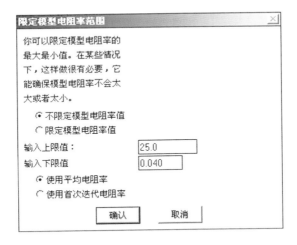

图 3-12　限定模型电阻率范围

（4）模型深度范围：增加或减小反演中各层的深度。

（5）选用对数视电阻率：缺省时，在反演中，程序会使用对数视电阻率作为数据。大多数情况下，这样可以得出最好的结果。但在某些情况下，如出现电阻率值为负数或 0 时,无法计算对数值,这项操作可以使得在这样条件下的视电阻率仍然适用。

(6) 单位电极距间的节点数:缺省时,使用有限单元或有限差分网格时,相邻电极间节点数为 2 个。这里可以设定为 3 个或 4 个,以获取更大的反演精度。使用较多的节点将会提高正演计算的精度,计算时间及要求的内存也相应地会增加。

3.6.2.3 "反演"菜单

该菜单将会对读取的数据进行反演。程序中有一套缺省的控制运算的反演参数可以使用,也可以使用"参数设置"对反演参数进行修改。选择"反演",将会出现如图 3-13 所示界面。

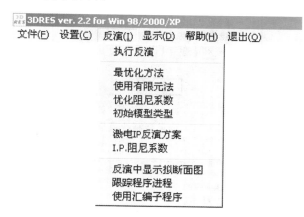

图 3-13 "反演"菜单

(1) 执行反演:开始最小二乘法反演运算,会提示输入存储反演结果的文件名。反演开始后,如果要中止反演,可以按"Q"键,稍等一会反演就被中止。

(2) 最优化方法:这一选项可以允许从两种不同的方法中选择一种来解最小二乘方程。选定后,会出现如图 3-14 所示对话框。

缺省时,程序使用"标准高斯-牛顿(Gauss-Newton)法"。如果数据点数不多,或者单位模型块数较小(少于 2 000 至 3 000),该选项可以获得精确的最小二乘方程反演结果。如果数据点太多,或者模型单元块数太大(>3 000),解最小二乘方程会占用整个反演进程的大部分时间。为了减少时间,提高计算速度,可以选择使用一种替代方法,即"不完全高斯-牛顿法"。

(3) 使用有限元法:程序允许从有限元法和有限差分法中选择一种来

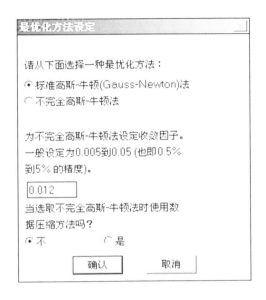

图 3-14　最优化方法设定

计算视电阻率值。缺省时,程序使用有限差分法,如果数据中不包含地形,这一方法更快一些;如果数据中包含了地形,缺省选择为有限元法。有限元法相对有限差分法而言特别慢,因此如果不包含地形信息,建议使用有限差分法。

(4) 优化阻尼系数:当选定该项后,程序将会尽量发现最优的阻尼系数,以使每次迭代后 RMS 误差达到最小。

(5) 激电 IP 反演方案:反演包含激电参数和电阻率值的数据集时,可以选择两者同时交替进行,也可以选择在完成电阻率反演后再进行激电反演。

(6) IP 阻尼系数:在 IP 反演中使用的阻尼系数相应的比电阻率反演使用的阻尼系数要小一些。如果设定为 1.0,则两者将会使用同一阻尼系数;一般使用较小(例如 0.05)的阻尼系数,也可以选择让程序自动计算阻尼系数。

3.6.2.4　"显示"菜单

使用该菜单,可以将反演结果在屏幕上进行显示或保存影像图,显示的内容包括实测视电阻率断面图和模型断面图,也可以改变显示断面图时的等值线间隔、垂直比例以及色标。

(1) 如果读取了反演结果文件,或者在主程序中执行了反演操作,程序将把最后一次使用过的结果文件作为当前显示的文件,当在主菜单中选择了"显示"菜单中的"显示反演结果"后,进入如图 3-15 所示结果显示窗口。

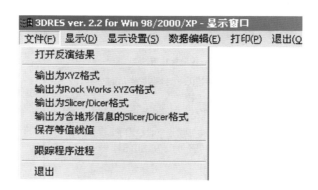

图 3-15　结果显示窗口

① 打开反演结果:可以读取由反演程序保存过的反演结果文件。

② 输出为某某格式:可以将反演获得的电阻率三维数据体数据保存为一个磁盘文件,供其他的三维可视化软件进一步进行分析解释。

(2)单击"显示"选项可以调出如图 3-16 所示子菜单。

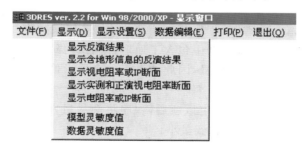

图 3-16　"显示"菜单

① 显示反演结果:此命令用模型色谱图显示,可以显示水平、垂直地电断面图。

② 显示含地形信息的反演结果:如果数据中含有地形信息,本功能将会以带地形的垂直断面形式显示模型。

③ 显示视电阻率或 IP 断面:本选项用于 $x$ 和 $y$ 方向视电阻率或视 IP 值拟断面图的显示。

④ 显示电阻率或 IP 断面:如果数据中包含 IP 值,可以选择显示模型或断面是电阻率值还是 IP 值。

(3)"显示设置"选项用于更改显示参数以控制视电阻率断面和模型断面

的显示,单击后出现如图 3-17 所示界面。

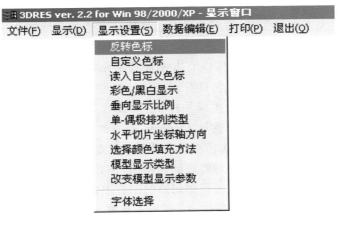

图 3-17 "显示设置"菜单

① 反转色标:通常程序默认的颜色表中,蓝色用于低电阻率,红色用于高电阻率,该选项可调换这一顺序,即红色用于低电阻率,蓝色用于高电阻率。

② 自定义色标:让用户根据自己选择设定颜色表。

③ 读入自定义色标:可以从磁盘文件中读入自定义的颜色表替代当前颜色表。

④ 彩色/黑白显示:缺省时程序会以彩色模式显示拟断面或模型断面,使用该功能可以改变显示模式。

⑤ 垂向显示比例:本选项允许指定相对水平而言的垂向显示比例,即垂向缩放因子,一般可以使用 2.0、1.5 或 1.0 等。

(4) 单击"数据编辑"将会出现如图 3-18 所示的子菜单。

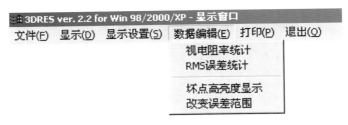

图 3-18 "数据编辑"菜单

① 视电阻率统计:此操作以直方图形式显示视电阻率值的分布情况,这

适用于存在明显错误的数据集的数据检测,这些错误主要由硬件原因引起,例如电极接地条件差、个别的开路现象等,坏点的视电阻率值比正常时的视电阻率值可能要大或小很多,这些坏点可以通过移动左边的蓝线或右边的绿线来进行切除。

②RMS误差统计:此操作以直方图形式显示观测与计算的对数视电阻率间的百分比误差分布情况,它只有在经过试探性的反演后才能使用。要使用这一功能,首先应该在程序主模块中执行"设置"中的"反演参数",然后在"修改反演参数"对话框中将"重算Jacobian矩阵的迭代次数"设为0,这时程序将会使用快速牛顿反演方法。当执行RMS误差统计后将显示RMS误差分布的直方图,坏点将会有相对较大的误差值,例如超过100%。要排除这些坏点,只需用箭头键移动绿线选择要切除的误差限定值即可。

(5)"打印"选项将调出如图3-19所示子菜单。

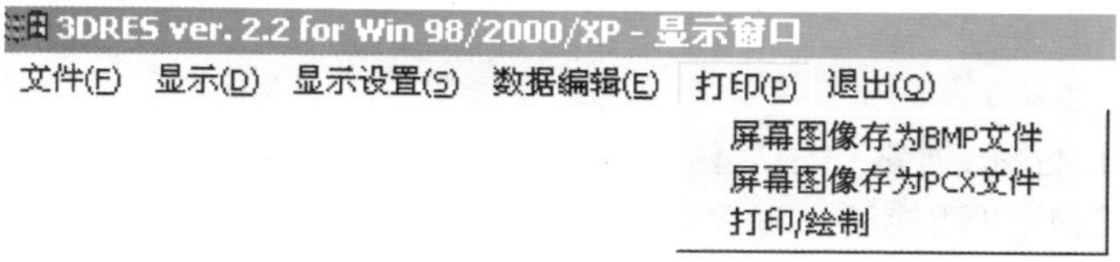

图 3-19 "打印"菜单

此项操作能够将屏幕图像保存为BMP或PCX格式,通过第三方绘图程序打印输出。当相应的断面图已显示在屏幕上时,单击"打印"后,将会显示屏幕图像存为BMP或PCX格式、打印/绘制等子菜单命令。如果要在图像中加入文字说明,可以选择将屏幕图像存为BMP或PCX文件,然后在相应的编辑软件里进行文字说明或修改。

# 4　矿井三维电法可视化成像

## 4.1　三维可视化绘制原理

MATLAB 原先是作为 Matrix 实验室使用 LIN2PACK 和 EISPACK 矩阵软件工具包的接口,后来逐渐发展成为集通用科学计算、图形交互、系统控制和程序语言设计为一体的商业软件,由交互式的图形(figure)窗口工具,生成图形用户界面(GUI),便于用户进行图形定制。国内物探工作者在绘制电磁测深反演数据的图形中,通常使用 Surfer 软件。但 Surfer 软件是绘制二维图形的工具,为了制作三维可视化图形,需在 Surfer 界面上对每条测深数据的二维图形进行多次旋转及变换,再将这些图形拼凑成为三维可视化图形。其方法复杂,不便于资料解释。作者在本章通过使用 MATLAB 修改软件提供的色标,轻松地实现了对多条电阻率数据的三维可视化图形展示,并可将图形旋转,便于从不同角度分析反演结果,显示不同深度(高程)切面的电阻率平面图。

如图 4-1 所示,在三维坐标系统中,定义 $y$ 轴为测线,$x$ 轴为测点,$z$ 轴为深度或高程,这三个方向均以 m 为单位。MATLAB 提供了多个函数来表示三维数据。有的函数用三维来显示曲线,而有的函数则负责绘制表面和构建框架。也可以用颜色来表示三维数据对应某一个坐标 $(x, y, z)$ 点的电阻率值。

三维图形与 $z=0$ 平面相关的角度被称为仰角,而与 $x=0$ 平面相关的角度被称为方位角。默认的三维视角就是仰角为 $30°$ 而方位角为 $37.5°$。在三维图中可以通过改变视角,从不同角度观看三维图形。

电磁测深反演数据分布在三维空间的每个测线剖面上,反演计算得到的数据有可能是离散的、不等间距的,需对每条剖面的数据进行等深度或等高程电阻率数据插分,使其成为间距规则的网格数据,以此来表示电阻率的分布及

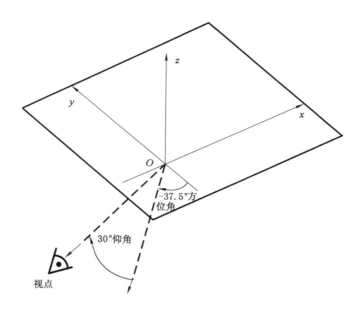

图 4-1　三维坐标系统示意图

其变化趋势。对于各种不同的数据,根据其实际背景及数据分布的特点,可采用色彩图形实现反演电阻率的电性模型的可视化,能反映三维的电性模型的完整信息。

先读入反演结果的线号、点距、深度或高程、电阻率四列数据,写入 MATLAB 的工作空间,然后利用 MATLAB 的三维绘图功能产生三维可视化图形。

用色彩图形来模拟反演电阻率的三维电性模型,首先要建立一个电阻率色标,然后用真实感图形技术来处理数据定义域的表面或截面上的颜色。结合显示的图像及电阻率色标,电阻率的分布情况便一目了然。为了查看模型的电阻率,通常可在各种不同位置对域进行剖切,然后显示该切面上的图像。当将每一瞬时的电阻率图按顺序播放出来,就可以对整个电阻率的变化过程进行动态观察分析了。

用色彩图形来模拟三维地电模型,关键在于建立合适的电阻率色标,为了避免电阻率变化范围太大,不便于色标设定,将电阻率值取对数,这里,色图函数采用线性灰度函数(在计算机显示器上采用彩色色图函数,可视化效果要更好)。这样可以每间隔一定数值设置一个调色板,把调色板的索引号与其电阻率对数值相对应。显示电阻率对数值时,只要已知电阻率对数值中某一点的数值,就可确定该点的显示色号。调色板的间隔设置主要取决于电阻率范围的状况和计算机所支持的最大颜色分辨率。间隔越小,需将特征量划分的等级越多,所表示的数据越细致,但对计算机的要求也越高。

对于起伏地形的剖面,在数据网格化时,将地形以上网格的数值定义为NAN,这样为电阻率-色表的白色填充区,以便形成起伏地形三维地电模型。三维显示处理的核心部分由 MATLAB 实现,首先通过 smooth3 对反演电阻率数据进行三维数据光滑化处理,在 meshgride 创建相应的网格后以图像灰度值作为高度坐标值,并通过 meshc 进行三维网格绘制,通过 interp 实现数据插值,最后通过 surf 完成表面绘制。用 slice 函数实现切片图绘制,通过选定最后一个参数改变,可绘制不同高程切片图,contourslice 函数可给选定的平面图添加等值线。不同高程切片图通过工具栏上的旋转按钮可以进行任意视点角度的观察。

在三维数据成像的过程中,数据插值是非常重要的一步。插值的方法有很多种,如代数插值、拉格朗日插值、牛顿插值、等距节点插值、埃尔米特插值、样条函数插值等。本书将会用到三维样条函数插值,其原理如下。

定义:设对 $y = f(x)$ 在区间 $[a, b]$ 上给定一组节点 $a = x_0 < x_1 < x_2 < \cdots < x_n = b$ 和相应的函数值 $y_0, y_1, \cdots, y_n$,如果 $s(x)$ 在每个子区间 $[x_{i-1}, x_i](i = 1, 2, \cdots, n)$ 上是不高于三次的多项式,且 $s(x), s'(x), s''(x)$ 在 $[a, b]$ 上连续,则称 $s(x)$ 为三次样条函数。如再有 $s(x_i) = y_i(i = 0, 1, 2, \cdots, n)$,则称 $s(x)$ 为 $y = f(x)$ 的三次样条插值函数。

设 $f(x)$ 是定义在 $[a, b]$ 区间上的一个二次连续可微函数,其中

$$a = x_0 < x_1 < x_2 < \cdots < x_n = b$$

在考虑样条插值问题的时候,首先一个问题就是满足条件的样条函数是否存在? 今就此问题讨论如下。

令

$$M_i = s''_i(x_i) \quad (i = 0, 1, 2, \cdots, n) \tag{4-1}$$

根据三次样条函数的定义,$s(x)$ 在每一个小区间 $[x_{i-1}, x_i](i = 1, 2, \cdots, n)$ 上都是三次多项式,所以 $s''(x)$ 在 $[x_{i-1}, x_i]$ 上的表达式为

$$s''_i(x) = M_{i-1} \frac{x_i - x}{h_i} + M_i \frac{x - x_{i-1}}{h_i} \tag{4-2}$$

式中,$h_i = x_i - x_{i-1}$。

将式(4-2)两次积分得

$$s'_i(x) = -M_{i-1} \frac{(x_i - x)^2}{2h_i} + M_i \frac{(x - x_{i-1})^2}{2h_i} + A_i \tag{4-3}$$

$$s_i(x) = M_{i-1} \frac{(x_i - x)^3}{6h_i} + M_i \frac{(x - x_{i-1})^3}{6h_i} + A_i(x - x_i) + B_i \quad (4\text{-}4)$$

式中，$A_i$ 和 $B_i$ 为积分常数。

因为

$$s_i(x_{i-1}) = y_{i-1}, s_i(x_i) = y_i$$

所以它满足方程

$$\begin{cases} \dfrac{M_i}{6} h_i^2 + B_i = y_i \\ \dfrac{M_{i-1}}{6} h_i^2 - \dfrac{M_i}{6} h_i^2 - A_i h_i + B_i = y_{i-1} \end{cases} \quad (4\text{-}5)$$

由此解得

$$\begin{cases} A_i = \dfrac{y_i - y_{i-1}}{h_i} - \dfrac{h_i}{6}(M_i - M_{i-1}) \\ B_i = y_i - \dfrac{M_i}{6} h_i^2 \end{cases} \quad (4\text{-}6)$$

所以

$$s_i(x) = M_{i-1} \frac{(x_i - x)^3}{6h_i} + M_i \frac{(x - x_{i-1})^3}{6h_i} + \left( y_{i-1} - \frac{M_{i-1}}{6} h_i^2 \right) \cdot$$

$$\frac{x_i - x}{h_i} + \left( y_i - \frac{M_i}{6} h_i^2 \right) \frac{x - x_{i-1}}{h_i} \quad (i = 1, 2, \cdots, n) \quad (4\text{-}7)$$

于是，只要知道了 $M_i$，$s(x)$ 的表达式也就完全确定了。微分式(4-7)得

$$s_i'(x) = -M_{i-1} \frac{(x_i - x)^2}{2h_i} + M_i \frac{(x - x_{i-1})^2}{2h_i} + \frac{y_i - y_{i-1}}{h_i} - \frac{(M_i - M_{i-1})}{6} h_i$$

$$(4\text{-}8)$$

而

$$s_{i+1}'(x) = -M_i \frac{(x_{i+1} - x)^2}{2h_{i+1}} + M_{i+1} \frac{(x - x_i)^2}{2h_{i+1}} + \frac{y_{i+1} - y_i}{h_{i+1}} - \frac{h_{i+1}}{6}(M_{i+1} - M_i)$$

$$(4\text{-}9)$$

于是

$$s_i'(x_i) = \frac{h_i}{3} M_i + \frac{y_i - y_{i-1}}{h_i} + \frac{h_i}{6} M_{i-1} \quad (4\text{-}10)$$

$$s_{i+1}'(x_i) = -\frac{h_{i+1}}{3} M_i + \frac{y_{i+1} - y_i}{h_{i+1}} - \frac{h_{i+1}}{6} M_{i+1} \quad (4\text{-}11)$$

由 $s_i'(x_i) = s_{i+1}'(x_i)$ 得

$$h_i M_{i-1} + 2(h_i + h_{i+1}) M_i + h_{i+1} M_{i+1} = 6 \left( \frac{y_{i+1} - y_i}{h_{i+1}} - \frac{y_i - y_{i-1}}{h_i} \right) (i = 1, 2, \cdots, n-1)$$

$$(4\text{-}12)$$

各项除以 $h_i + h_{i+1}$，并记 $\lambda_i = \dfrac{h_{i+1}}{(h_i + h_{i+1})}$，$\mu_i = 1 - \lambda_i$，$d_i =$

$6\left[\dfrac{y_{i+1} - y_i}{h_{i+1}} - \dfrac{y_i - y_{i-1}}{h_i}\right] / (h_i + h_{i+1})$，则式(4-12)可写为

$$\mu_i M_{i-1} + 2M_i + \lambda_i M_{i+1} = d_i \quad (i = 1, 2, \cdots, n-1) \qquad (4\text{-}13)$$

$n-1$ 个内点有 $n-1$ 个方程，有 $n+1$ 个未知量 $M_i$。为确定 $M_i(i=0,1,\cdots,n)$ 还需加上两个端点条件，即边界条件。

## 4.2　井下三维电法可视化成像软件

井下三维电法可视化成像软件能对数据反演出的电阻率三维数据体进行可视化立体成图，支持多种数据文件格式，应用范围广泛。软件具有强大的功能，能够很好地支持数据和视觉的交互，它能将井下三维电法反演软件生成的数据体文件转换为立体图，用不同的色标来反映岩石电阻率分布特征，根据需要将立体图进行任意切片或分块分割处理，从而满足资料解释的需要，获得好的探测解释效果。

井下三维电法可视化系统成图软件运行界面如图 4-2 所示。

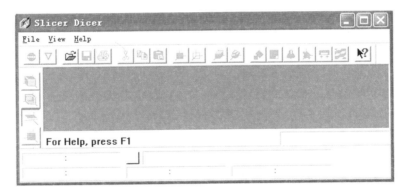

图 4-2　井下三维电法可视化系统成图软件运行界面

该界面在没有打开数据文件之前工具条和命令条均显示为不可用状态，打开文件之后显示为可用状态。

### 4.2.1　软件菜单

软件主菜单如图 4-3 所示。

（1）文件菜单（File）

打开文件（Open）：打开井下三维高密度电法反演软件生成的"∗.gm"

<u>F</u>ile  <u>E</u>dit  <u>C</u>reate  <u>A</u>nimation  <u>O</u>ptions  <u>T</u>ables  <u>V</u>iew  <u>W</u>indow  <u>H</u>elp

图 4-3　软件主菜单

文件。

文件参数(File Parameters)：显示文件的相关信息。

（2）编辑菜单(Edit)

分区(Distribute)：使选中的所有切片等间距分布。

显示数据(Show Data)：显示选中数据的切片或立体图。

隐藏数据(Hide Data)：隐藏选中数据的切片或立体图。

（3）创建菜单(Create)

此菜单可以创建各种切片图和立体块图形，并根据需要设置它们大小。

$Z$ 切片($Z$ Slicer)：创建垂直于 $Z$ 轴的切片图。

$Y$ 切片($Y$ Slicer)：创建垂直于 $Y$ 轴的切片图。

$X$ 切片($X$ Slicer)：创建垂直于 $X$ 轴的切片图。

创建斜切片图(Oblique Slice)：创建斜切片图。

创建立体块图(Block)：创建立体块图。

剪切立体块(Cutout)：从母立体块中剪切出子立体块。

创建体积映像(Projected Volume)：创建立体块在三个侧面的映射图。

（4）动画菜单(Animation)

创建切片动画(Slices)：创建垂直于 $Z$ 轴、$Y$ 轴、$X$ 轴切片图连续动画。

创建空间动画(Space)：创建以立体方式播放的连续动画。

创建斜切片动画(Oblique Slice Orientation)：创建斜切片连续动画。

创建转动动画(Rotation)：创建以某轴为中心旋转的连续动画。

（5）工具选项菜单(Options)

透明度(Transparency)：设置显示图形的透明度。

比例和旋转(Scales and Rotations)：设置显示图形比例尺和旋转角度，以便于分析解释。

视图显示方式(View Projection)：设置立体图形各坐标轴的方向。

斜切片方向(Oblique Slice Orientation)：设置斜切片的倾斜角度及方向。

坐标名称和单位(Names and Units)：设置各坐标轴名称及单位。

编排(Layout)：设置显示图的字体、背景、颜色等。

（6）色标(Tables)

此菜单可以根据解释需要设置色标，以突出解释目的物异常。

### 4.2.2　工具条和命令条

（1）工具条（Tools）（图 4-4）

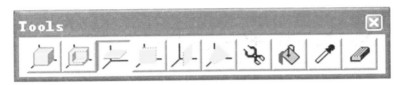

图 4-4　工具条

工具条上的图案与大多数绘图软件类似，能够形象地表示它们的作用。

创建块工具（Create Block）：当要创建立体分块图时，首先单击工具条上的创建立体分块 ![按钮] 按钮，这时鼠标形状将会改变，将鼠标移动到立体坐标区域内，按住鼠标左键选定一个矩形区域，然后按住小键盘上的数字键 1，再拖动鼠标就可以绘制出块。如果想修改此立体块，用鼠标点击 ![剪刀]，然后将鼠标移动到立体块上选中立体块，接着在立体块顶点处单击鼠标左键就可以看到出现一个黑色小方块，最后拖动黑色的小方块可以改变立体块的大小直到满意为止。剪切块工具和创建块工具的用法相似。

按住小键盘 4、6 可以使鼠标向左或向右移动，2、8 分别控制鼠标向下或向上移动。

（2）命令条（Commands）（图 4-5）

图 4-5　命令条

命令条几乎包含了所有的菜单命令功能。

# 5 矿井三维电法探测应用效果分析

## 5.1 工作面顶板地层富水性探测

华北型煤田的二叠系山西组煤层是安徽、河南、江苏、山东、河北、山西等煤炭大省的主要可采煤层,煤层顶板为砂岩和泥岩组合,受构造、岩性、沉积环境等因素影响,其富水性存在较大差异,煤层开采不同程度地受顶板突水威胁。应用有效的地球物理勘探方法,在工作面开采前查明煤层顶板地层的富水性及其水力联系,对确保煤层的安全开采具有重要意义。

### 5.1.1 探测工作面概况

1302N 工作面为山东新巨龙能源有限责任公司龙堌煤矿首采区第二个工作面,开采二叠系山西组 3 煤层。工作面长 1 840 m,宽 270 m,呈规则矩形分布。工作面顶板为砂岩和泥岩组合,富水性差异较大。根据现有的地质及水文地质资料分析,工作面开采受到顶板砂岩水威胁比较严重。

为确保 1302N 工作面的安全开采,利用矿井三维高密度电法探水技术,对 1302N 工作面顶板砂岩地层富水性进行采前探测。探测要求为:最大探测高度为从 3 煤层顶界面向上 120 m,构建顶板砂岩地层电阻率三维数据体,圈定顶板砂岩地层的富水区域,指导 1302N 工作面开采过程中的防治水工作。

### 5.1.2 地球物理特征

工作面顶板砂岩地层为沉积岩地层,成层性好,其电阻率与地层岩性对应,具有良好的成层性规律,如果地层中富水,地层水中富含导电离子,其导电性必然增强,电阻率降低,形成低阻异常,这是应用电法勘探探测地层富水性的主要物理基础。

### 5.1.3 数据采集

数据采集是进行解释的基础。数据采集工作的好坏直接影响到解释成果的准确性。本次井下高密度三维电法勘探数据采集使用的是 WJDJ-3 型高密

度电阻率系统,采用两极装置的三维电法采集方法,其采集参数如下:

开设道数:60 道

测量层数:30 层

测量方式:滚动

道　　距:10 m

工作方法:两极

供电电压:180 V

本次井下高密度三维电法勘探数据采集在龙堌煤矿 1302N 工作面里侧部分的上下大巷、中间联络巷及开切眼处进行,以 10 m 间距布设电极,共布设电极 420 个,长度 4 190 m,采集时停止了工作面内的所有电源,保证了数据采集质量,每个电极采集数据 30 个,共采集有效数据 12 600 个。

电法勘探受环境条件影响,井下对其影响最大的是供电系统,故在本次数据采集过程中,施工巷道周围停止了供电,因此不受供电系统影响。为保证数据采集质量,数据采集时每次都进行了 2 次以上的重复采集。因此,本次勘探数据质量较高。

### 5.1.4　数据反演处理

数据反演处理应用矿井三维电法探测反演程序进行,数据完成后得到了 1302N 工作面顶板地层电阻率三维数据体的数据文件,数据体长 1 840 m、宽 270 m、高 140 m。

### 5.1.5　三维数据体解释及效果分析

1302N 工作面顶板地层电阻率三维数据体应用矿井三维电法探测可视化成像程序交互进行,图 5-1 为 1302N 工作面顶板地层电阻率三维数据体的立体显示图,下部带有对数表示的电阻率色标,从左到右表示电阻率逐渐升高,富水性逐步减弱。立体显示图能够总体宏观反映数据体的形状及其电阻率分布,不能看到数据体内部的电阻率分布细节,而这些电阻率分布细节是解

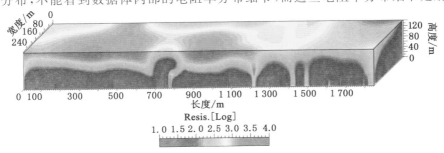

图 5-1　1302N 工作面顶板地层电阻率三维数据体

释工作面顶板地层富水性至关重要的依据。要获得数据体内部电阻率细节的分布情况,需要应用矿井三维电法探测可视化成像程序的顺层、垂直切片技术(图 5-2),交互得到工作面顶板地层的电阻率分布特征。

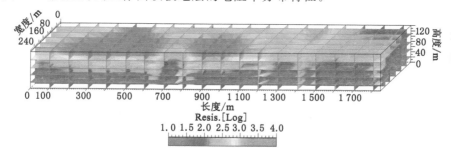

图 5-2　1302N 工作面顶板地层电阻率三维数据体切片技术

　　图 5-3～图 5-7 分别是 1302N 工作面顶板上 10 m、20 m、30 m、40 m 和 50 m 的电阻率顺层切片。根据工作面附近的钻孔资料分析,顶板 50 m 范围内的砂岩含水层是顶板水害的主要水源。因此,该五个水平切片反映的顶板砂岩水分布位置是工作面开采水害防治的重点部位。综合分析这五张顺层切片低阻

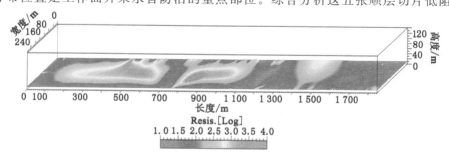

图 5-3　1302N 工作面顶板地层电阻率三维数据体顺层切片(顶板上 10 m)

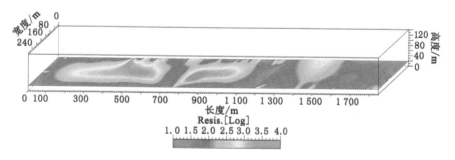

图 5-4　1302N 工作面顶板地层电阻率三维数据体顺层切片(顶板上 20 m)

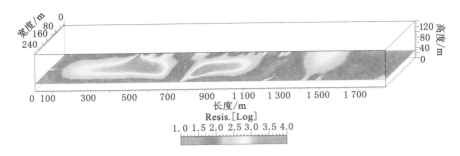

图 5-5　1302N 工作面顶板地层电阻率三维数据体顺层切片(顶板上 30 m)

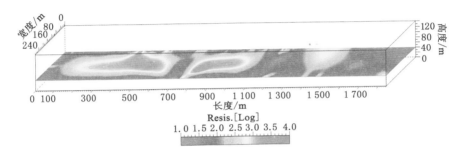

图 5-6　1302N 工作面顶板地层电阻率三维数据体顺层切片(顶板上 40 m)

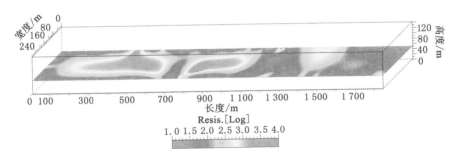

图 5-7　1302N 工作面顶板地层电阻率三维数据体顺层切片(顶板上 50 m)

异常区的分布范围,遵循"低电阻率富水性强,高电阻率富水性弱"解释原则,可准确精细圈定顶板砂岩富水区域。

矿方对本次矿井三维电法探测圈定的顶板砂岩富水区域进行了采前疏放,疏放情况与探测结果吻合,采前基本疏干了富水区域内的顶板砂岩水,确保了该工作面安全开采。

# 5.2　工作面底板地层富水性探测

华北型煤田的沉积基底为奥陶系石灰岩,即"奥灰"。奥灰曾长时间暴露于地表接受风化剥蚀,内部岩溶十分发育,承压水十分丰富。华北型煤田的石炭系太原组煤层位于石炭系下部,距离奥灰岩较近,在隔水层厚度不足、存在导水构造等因素下容易造成工作面底板奥灰突水,严重威胁着煤矿的安全生产。奥陶系岩溶裂隙发育富水和隔水层厚度不足或存在导水构造,是导致奥灰突水的两个必要条件,其中岩溶裂隙发育富水又是一个至关重要的条件。如果奥灰岩石完整,则不具备形成奥灰突水的水源,即使存在隔水层厚度不足或存在导水构造等突水因素,也不会发生矿井突水。因此,在太原组煤层工作面开采前,应用有效的地球物理探测方法,探明工作面底板含水层富水性,尤其是奥灰的富水性,对防止工作面开采过程中的底板突水具有重要意义。

## 5.2.1　探测工作面概况

51305 工作面是山东良庄矿业有限公司第五采区的第五个工作面,开采太原组的 13 煤层。工作面长 630 m,宽 90 m,采深约 900 m,奥灰水压约 9 MPa。13 煤与奥灰顶界面间距 75 m,工作面开采受奥灰承压水威胁,突水系数达到 0.12 MPa/m,底板奥灰突水的可能性很大。

为确保 51305 工作面的安全生产,利用矿井三维高密度电法探水技术,对工作面底板奥灰富水性进行采前探测,构建工作面底板电阻率三维数据体,利用切片技术,分析三维电阻率数据体内部的低阻异常,查明奥灰富水性,圈定奥灰富水区域。

## 5.2.2　地球物理特征

如前所述,含煤岩系为沉积地层,成层性好,其电阻率与地层岩性对应,具有良好的成层性规律。如果地层破碎富水,则其导电性增强,电阻率降低。山东良庄矿业有限公司 13 煤层位于石炭系下部,属海相地层,主要由灰岩、细砂岩、粉砂岩、泥岩和煤层组成。13 煤层下伏的徐灰、奥灰等不富水时电阻率很高,但如果岩溶、裂隙发育并富含水,电阻率就会显著降低。此外,因采深大,地温较高,灰岩水中导电离子丰富,进一步降低了富水灰岩的电阻率。

## 5.2.3　数据采集

数据采集是进行解释的基础,数据采集工作的好坏直接影响到解释成果的准确性。本次井下高密度三维电法勘探数据采集使用的是 WJDJ-3 型高密度电阻率系统,采用两极装置的三维电法采集方法,其采集参数如下:

开设道数:60 道

测量层数:30层

测量方式:滚动

道　　距:10 m

工作方法:两极

供电电压:180 V

本次矿井三维电法勘探数据采集在51305工作面的上、下平巷及其开切眼处进行,以10 m间距布设电极,共布设电极136个,长度1 350 m。供电电极B和测量电极N均置于无穷远处,采集时停止了工作面内的所有电源,保证了数据采集质量,每个电极采集数据30个,共采集有效数据4 080个。

如同前述,电法勘探受环境条件影响,井下对其影响最大的是供电系统,故在本次数据采集过程中,施工巷道周围停止了供电,因此不受供电系统影响。为保证数据采集质量,数据采集时每次都进行了2次以上的重复采集。因此,本次勘探数据质量较高。

## 5.2.4　数据反演处理

数据反演处理应用矿井三维高密度电法探测反演程序进行,数据完成后得到了51305工作面底板地层电阻率三维数据体的数据文件,数据体长630 m、宽90 m、深280 m。

## 5.2.5　三维数据体解释及效果分析

51305工作面底板地层电阻率三维数据体应用矿井三维高密度电法探测可视化成像程序交互进行,图5-8为51305工作面底板地层电阻率三维数据体的立体显示图。工作面底板下距奥灰顶界面75 m,因此数据体75 m深度以下部分反映了奥灰内部电阻率的分布特征。图5-9～图5-13分别为工作面底板下75 m、85 m、95 m、105 m、115 m的电阻率顺层切片,反映了奥灰顶界面向深部40 m范围内的电阻率分布特征。由于是顺层切片,每张切片上岩性相同,深度增加导致的体积效应影响也相同,切片上电阻率的高、低阻分布主要反映了奥灰岩溶-裂隙水的分布情况,即奥灰的富水性。综合这五张顺层切片,圈定低阻异常分布范围,遵循"低电阻率富水性强,高电阻率富水性弱"解释原则,可准确精细圈定出奥灰顶部40 m范围内的富水区域。

针对矿井三维电法圈定的奥灰富水区域,矿方进行了井下钻探验证工作,验证钻孔单孔出水量达到130 m³/h,且验证孔的水压达到了9.0 MPa,说明圈定的奥灰富水区域处于奥灰岩溶径流带上。为确保安全生产,矿方根据矿井三维高密度电法圈定的奥灰富水区域,对工作面开采设计进行了修改,开采范围避开了岩溶径流带,避免了很有可能发生的奥灰突水事故。

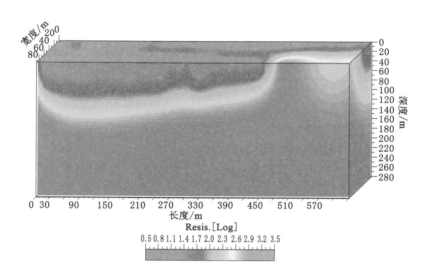

图 5-8　51305 工作面底板地层电阻率三维数据体

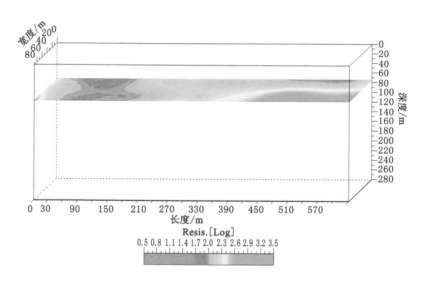

图 5-9　51305 工作面底板地层电阻率数据体 75 m 深度
顺层切片(奥灰顶界面)

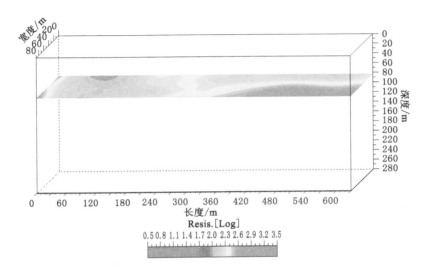

图 5-10　51305 工作面底板地层电阻率数据体 85 m 深度
顺层切片(奥灰顶界面下 10 m)

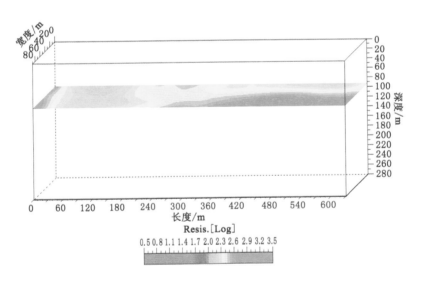

图 5-11　51305 工作面底板地层电阻率数据体 95 m 深度
顺层切片(奥灰顶界面下 20 m)

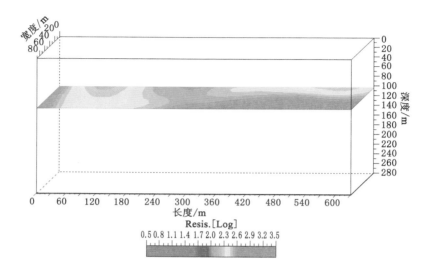

图 5-12  51305 工作面底板地层电阻率数据体 105 m 深度
顺层切片（奥灰顶界面下 30 m）

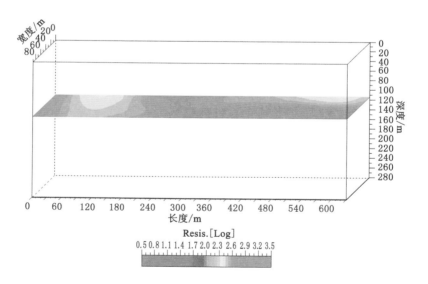

图 5-13  51305 工作面底板地层电阻率数据体 115 m 深度
顺层切片（奥灰顶界面下 40 m）

# 5.3　工作面顶板地层富水性动态监测

工作面开采后,在迎头后方形成采空区,采空区上覆岩石在重力及矿山压力作用下发生运动,自下而上形成垮落带、裂隙带、弯曲下沉带,即"上三带"。"上三带"改变了上覆岩石原始结构,可导致顶板水重新分布。在断层活化、导水裂隙带突然增大等特殊情况下,会沟通更高位含水层及周边水体,造成工作面顶板突水。应用有效的地球物理探测方法,动态监测工作面开采过程中顶板水的运移过程,对工作面推进过程中的顶板突水防治具有重要意义。

## 5.3.1　顶板动态监测工作面概况

山东新巨龙能源有限责任公司的 2301 工作面为龙堌煤矿第二采区的第一个工作面,开采煤层为山西组 3 煤层。工作面宽 260 m,长 1 700 m。工作面开采前已对顶板砂岩水进行了疏放。为进一步确保工作面的安全开采,防止顶板突水,在工作面开采初次来压、采空区接近正方形等关键位置进行监测。2301 工作面开采正常后,每推进 300 m 监测一次,进行了六次监测,实现了工作面顶板地层富水性动态监测。

## 5.3.2　动态监测目的及任务

应用矿井三维高密度电法探测技术,在 2301 工作面开采迎头位置对工作面顶板进行动态监测,构建顶板地层电阻率三维数据体,要求顶板最大探测高度为顶板上 100 m,工作面迎头后采空区探测 50 m,圈定顶板砂岩地层富水区域,分析顶板砂岩水运移与工作面开采的因果关系,总结内在规律,预测下一步工作面开采过程中顶板水的运移趋势,保证工作面开采的顺利进行。

## 5.3.3　地球物理特征

工作面顶板砂岩地层为沉积岩地层,成层性良好,其电阻率与地层岩性对应,具有良好的成层性规律,如果地层中富水,则其导电性增强,电阻率降低。

工作面开采时,顶板砂岩地层中孔隙、裂隙进一步发育及闭合,从而引起开采迎头附近位置地下水运移,造成赋存状态的改变。如果地层中富水,则其导电性增强,电阻率降低,这是应用电法勘探动态探测工作面推进过程中顶板地层富水性的主要物理前提。

## 5.3.4　动态监测效果分析

### 5.3.4.1　初次来压(开采 60 m)

工作面开采约 60 m,初次来压位置已过,后方采空区顶板已开始垮落。

顶板地层资料解释主要依据 2301 工作面开采位置顶板砂岩地层电阻率三维数据体及其顺层切片显示图(图 5-14～图 5-30)。

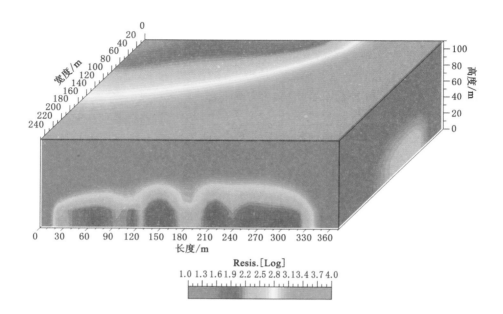

图 5-14　开采 60 m 时 2301 工作面开采位置顶板地层电阻率三维数据体

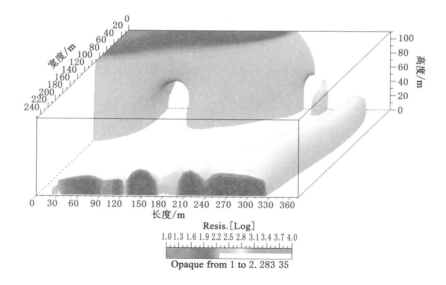

图 5-15　开采 60 m 时 2301 工作面开采位置顶板地层低阻异常分布范围

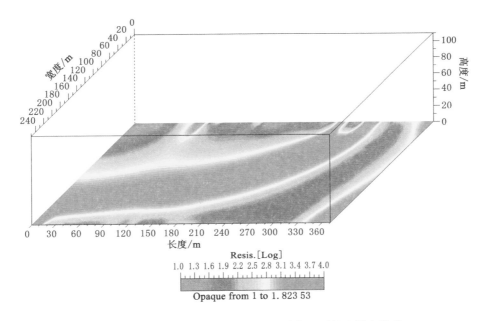

图 5-16　开采 60 m 时 2301 工作面开采位置顶板地层电阻率
三维数据体顺层切片(顶板上 0 m)

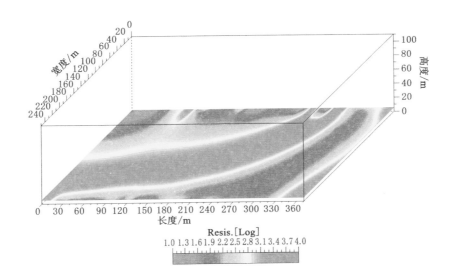

图 5-17　开采 60 m 时 2301 工作面开采位置顶板地层电阻率
三维数据体顺层切片(顶板上 5 m)

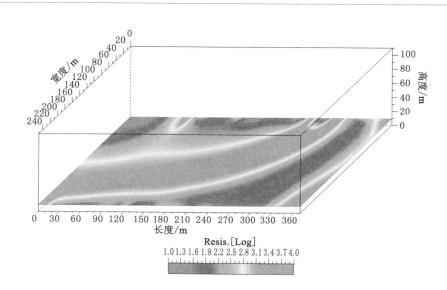

图 5-18 开采 60 m 时 2301 工作面开采位置顶板地层电阻率
三维数据体顺层切片(顶板上 10 m)

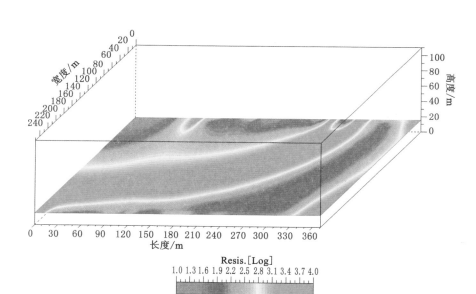

图 5-19 开采 60 m 时 2301 工作面开采位置顶板地层电阻率
三维数据体顺层切片(顶板上 15 m)

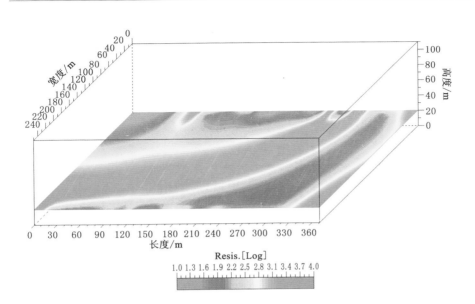

图 5-20 开采 60 m 时 2301 工作面开采位置顶板地层电阻率
三维数据体顺层切片(顶板上 20 m)

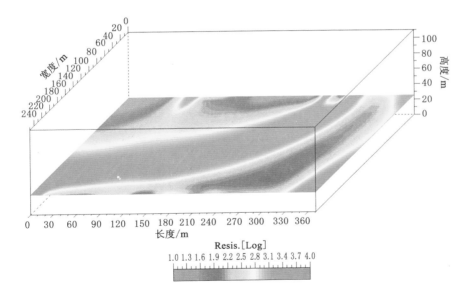

图 5-21 开采 60 m 时 2301 工作面开采位置顶板地层电阻率
三维数据体顺层切片(顶板上 25 m)

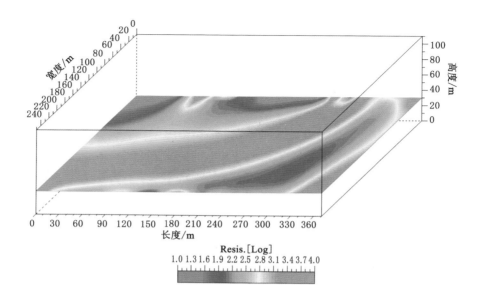

图 5-22　开采 60 m 时 2301 工作面开采位置顶板地层电阻率
三维数据体顺层切片(顶板上 30 m)

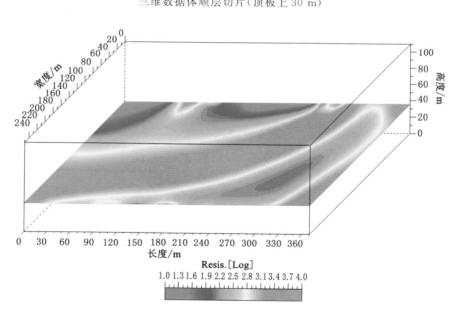

图 5-23　开采 60 m 时 2301 工作面开采位置顶板地层电阻率
三维数据体顺层切片(顶板上 35 m)

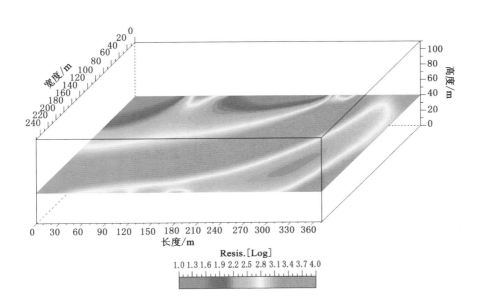

图 5-24　开采 60 m 时 2301 工作面开采位置顶板地层电阻率
三维数据体顺层切片(顶板上 40 m)

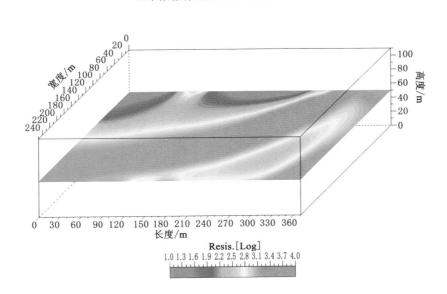

图 5-25　开采 60 m 时 2301 工作面开采位置顶板地层电阻率
三维数据体顺层切片(顶板上 50 m)

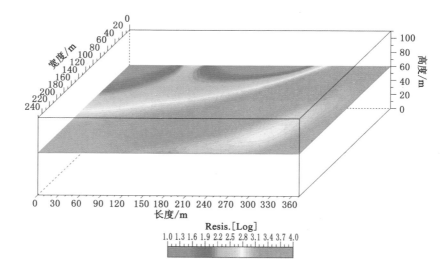

图 5-26　开采 60 m 时 2301 工作面开采位置顶板地层电阻率
三维数据体顺层切片（顶板上 60 m）

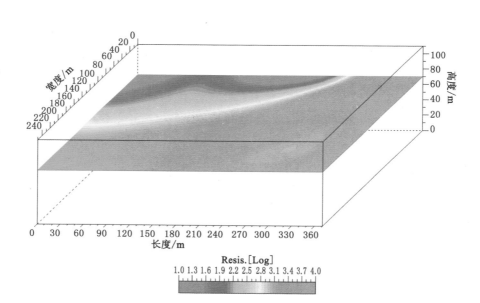

图 5-27　开采 60 m 时 2301 工作面开采位置顶板地层电阻率
三维数据体顺层切片（顶板上 70 m）

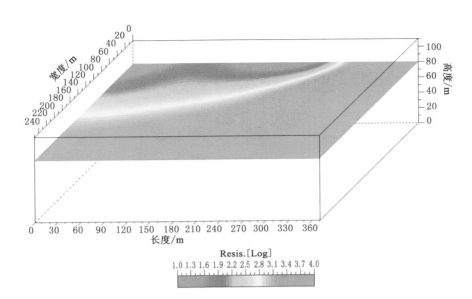

图 5-28　开采 60 m 时 2301 工作面开采位置顶板地层电阻率
三维数据体顺层切片(顶板上 80 m)

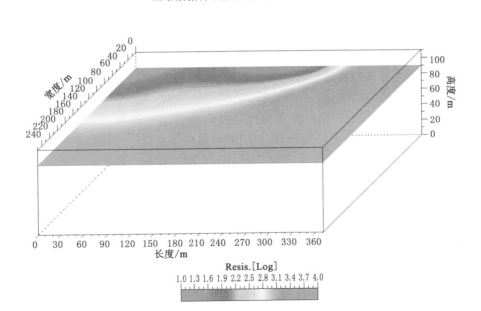

图 5-29　开采 60 m 时 2301 工作面开采位置顶板地层电阻率
三维数据体顺层切片(顶板上 90 m)

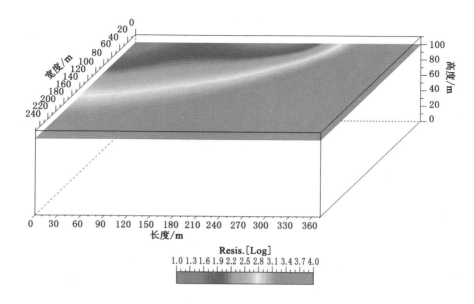

图 5-30    开采 60 m 时 2301 工作面开采位置顶板地层电阻率
三维数据体顺层切片（顶板上 100 m）

顶板地层电阻率三维数据体及其水平切片出现了低阻异常，说明开采位置砂岩地层富水性出现了差别，与采前探测结果相比发生了变化，说明工作面开采引起了工作面顶板地层孔裂隙及压力变化，驱使顶板水发生了运移，赋存状态发生了改变。

图 5-15 为工作面开采位置顶板地层低阻异常分布范围。该低阻异常沿开采迎头、采空区及两侧大巷分布，说明开采迎头及采空区顶板地层地应力释放，裂隙发育，富水性增强。开采迎头前方工作面中部由于超前压力造成顶板砂岩孔裂隙闭合，砂岩水向上、下大巷及开采迎头运移，造成工作面中部富水性下降，上、下大巷及开采迎头富水性增强，符合工作面矿山压力分布规律。

开采迎头后 30 m 位置，顶板地层呈高阻显示，说明该位置顶板已垮落，顶板砂岩水已释放。

开采位置低阻异常符合矿山压力分布规律，且规则性强，不仅说明低阻异常与工作面开采关联性强，而且说明工作面开采位置顶板水只是原始静储量的重新分布，与外界没有水力联系。

经上述分析与解释，获得以下主要结论：

（1）工作面开采引起了工作面顶板地层孔裂隙及压力变化，驱使顶板水发生了运移,赋存状态发生了改变。

（2）开采迎头及采空区顶板地层地应力释放,裂隙发育,富水性增强,开采迎头前方工作面中部由于超前矿山压力造成顶板砂岩孔裂隙闭合,砂岩水向上、下大巷及开采迎头运移,造成工作面中部富水性下降,上、下大巷及开采迎头富水性增强。

（3）采空区后方已垮落,其顶板砂岩水已释放。

（4）工作面开采位置顶板水只是原始静储量的重新分布,与外界没有水力联系。

（5）距离迎头 90 m 位置的上巷附近,顶板砂岩富水性较强,建议工作面推进到该位置时加强水文观测,及时进行下一次的水害动态监测。

### 5.3.4.2 采空区接近正方形（开采 220 m）

工作面已开约 220 m,采空区平面形态基本接近正方形,后方采空区顶板已大面积垮落。

顶板地层资料解释主要依据 2301 工作面开采位置顶板砂岩地层电阻率三维数据体及其顺层切片显示图（图 5-31～图 5-47）。

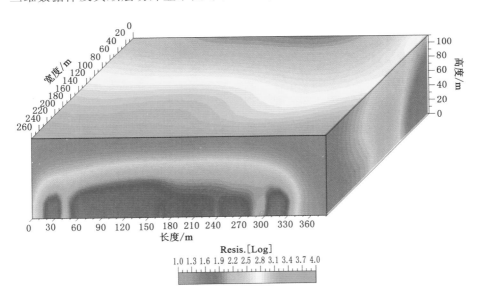

图 5-31　开采 220 m 时 2301 工作面开采位置顶板地层电阻率三维数据体

顶板地层电阻率三维数据体及其水平切片出现了低阻异常,说明开采位置砂岩地层富水性出现了差别,与采前探测结果相比发生了变化,说明工作面

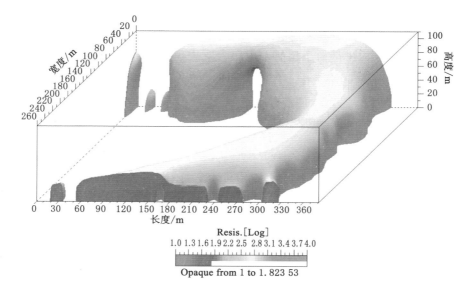

图 5-32 开采 220 m 时 2301 工作面开采位置顶板地层低阻异常分布范围

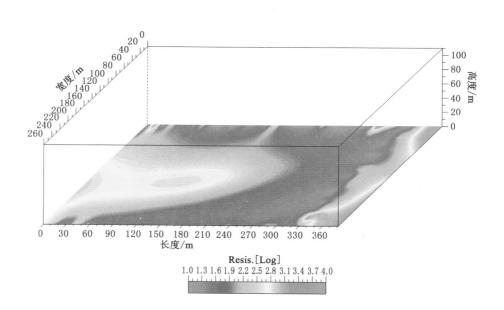

图 5-33 开采 220 m 时 2301 工作面开采位置顶板地层电阻率
三维数据体顺层切片(顶板上 0 m)

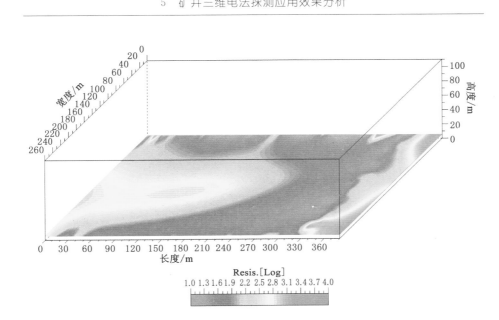

图 5-34　开采 220 m 时 2301 工作面开采位置顶板地层电阻率
三维数据体顺层切片(顶板上 5 m)

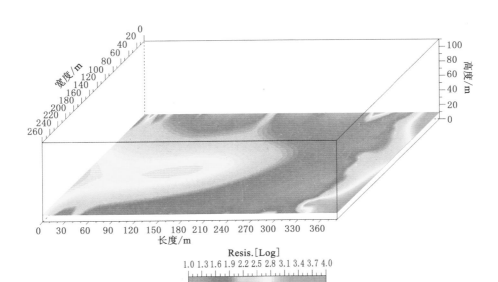

图 5-35　开采 220 m 时 2301 工作面开采位置顶板地层电阻率
三维数据体顺层切片(顶板上 10 m)

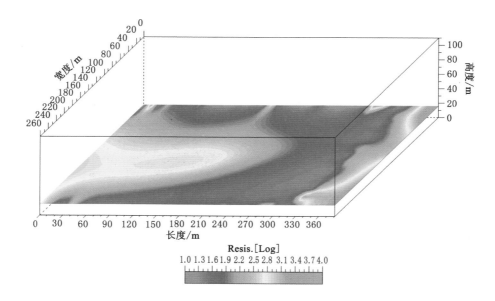

图 5-36　开采 220 m 时 2301 工作面开采位置顶板地层电阻率
三维数据体顺层切片(顶板上 15 m)

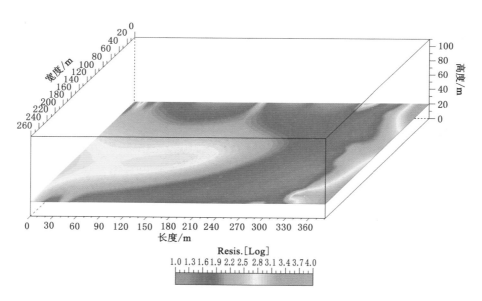

图 5-37　开采 220 m 时 2301 工作面开采位置顶板地层电阻率
三维数据体顺层切片(顶板上 20 m)

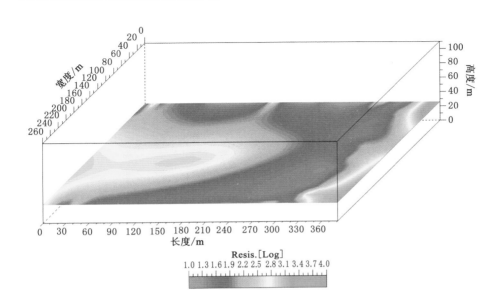

图 5-38　开采 220 m 时 2301 工作面开采位置顶板地层电阻率
三维数据体顺层切片(顶板上 25 m)

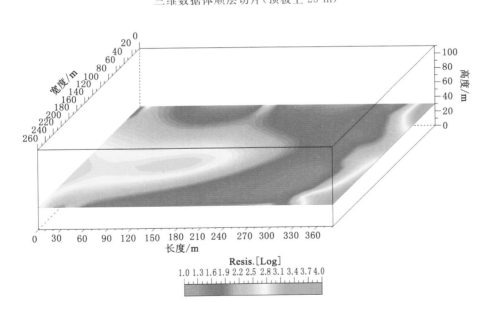

图 5-39　开采 220 m 时 2301 工作面开采位置顶板地层电阻率
三维数据体顺层切片(顶板上 30 m)

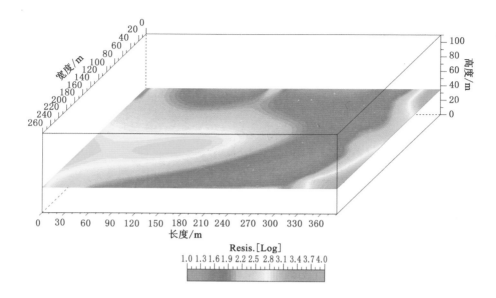

图 5-40　开采 220 m 时 2301 工作面开采位置顶板地层电阻率
三维数据体顺层切片（顶板上 35 m）

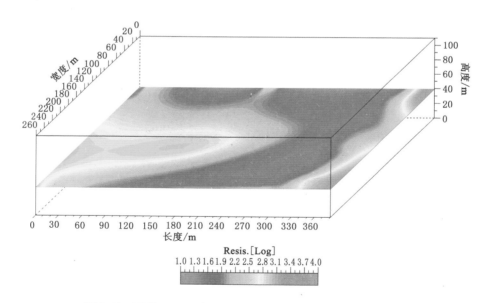

图 5-41　开采 220 m 时 2301 工作面开采位置顶板地层电阻率
三维数据体顺层切片（顶板上 40 m）

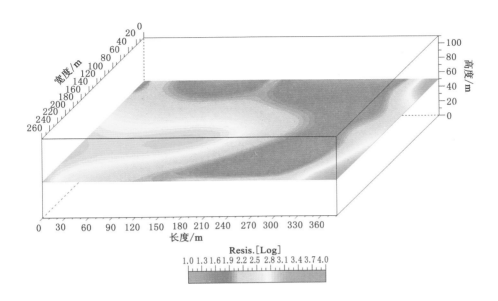

图 5-42　开采 220 m 时 2301 工作面开采位置顶板地层电阻率
三维数据体顺层切片(顶板上 50 m)

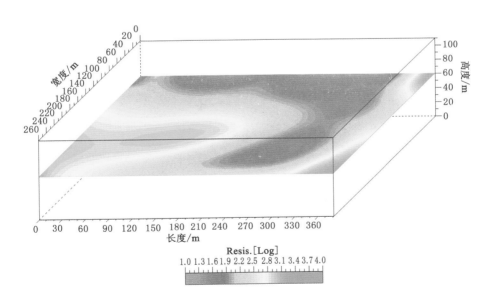

图 5-43　开采 220 m 时 2301 工作面开采位置顶板地层电阻率
三维数据体顺层切片(顶板上 60 m)

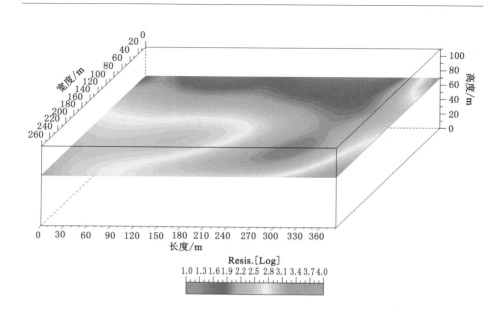

图 5-44　开采 220 m 时 2301 工作面开采位置顶板地层电阻率
三维数据体顺层切片(顶板上 70 m)

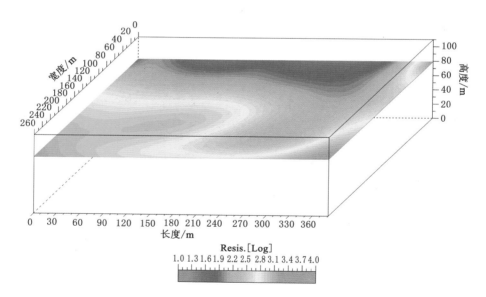

图 5-45　开采 220 m 时 2301 工作面开采位置顶板地层电阻率
三维数据体顺层切片(顶板上 80 m)

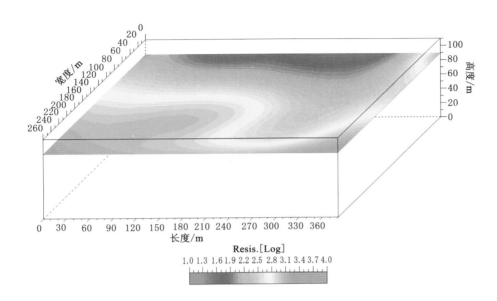

图 5-46 开采 220 m 时 2301 工作面开采位置顶板地层电阻率
三维数据体顺层切片(顶板上 90 m)

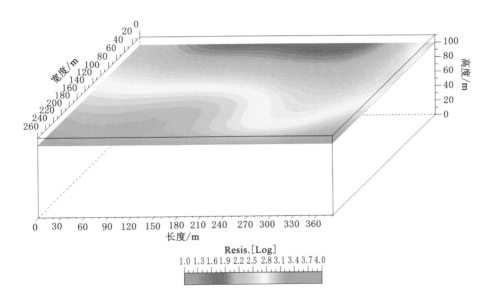

图 5-47 开采 220 m 时 2301 工作面开采位置顶板地层电阻率
三维数据体顺层切片(顶板上 100 m)

开采引起了工作面顶板地层孔裂隙及压力变化,驱使顶板水发生了运移,赋存状态发生了改变。

图 5-32 为工作面开采位置顶板地层低阻异常分布范围。该低阻异常沿开采迎头、采空区及两侧大巷分布,说明开采迎头及采空区顶板地层地应力释放,裂隙发育,富水性增强。开采迎头前方工作面中部由于超前压力造成顶板砂岩孔裂隙闭合,砂岩水向上、下大巷及开采迎头运移,造成工作面中部富水性下降,上、下大巷及开采迎头富水性增强,符合工作面矿山压力分布规律。

开采迎头后 30 m 位置,顶板地层呈高阻显示,说明该位置顶板已垮落,顶板砂岩水已释放。

开采位置低阻异常符合矿山压力分布规律,且规则性强,说明低阻异常与工作面开采关联性强,同时说明工作面开采位置顶板水只是原始静储量的重新分布,与外界没有水力联系。

经上述分析与解释,获得以下主要结论:

(1)工作面开采引起了工作面顶板地层孔裂隙及压力变化,驱使顶板水发生了运移,赋存状态发生了改变。

(2)开采迎头及采空区顶板地层地应力释放,裂隙发育,富水性增强,开采迎头前方工作面中部由于超前压力造成顶板砂岩孔裂隙闭合,砂岩水向上、下大巷及开采迎头运移,造成工作面中部富水性下降,上、下大巷及开采迎头富水性增强。

(3)采空区后方已垮落,其顶板砂岩水已释放。

(4)工作面开采位置顶板水只是原始静储量的重新分布,与外界没有水力联系。

# 5.4  超前探测

煤矿井下巷道掘进前方往往存在导水断层、陷落柱、采空区等富水地质构造。巷道掘进如果不慎揭露这些危险地质构造,必然会发生突水事故。巷道掘进前应用有效的地球物理探测方法,探明掘进前方的不良地质构造及其富水性,才能够避免巷道突水事故的发生,确保煤矿井下巷道掘进的安全进行。

## 5.4.1  超前探测巷道概况

济宁矿业集团有限公司花园煤矿东翼轨道上山巷道沿山西组 3 煤层掘进。当掘进迎头距离煤矿边界平楼断层约 100 m 时,考虑到平楼断层对接盘为富水性强的奥灰,且平楼断层位置及其富水特性勘探程度较低,巷道掘进受到水害威胁大,决定采用矿井三维高密度电法超前探测技术,对东翼轨道上山巷道进行超前探测,要求超前探测长度达到 150 m,查明巷道掘进前方地层的富水性,以便确保东翼轨道上山巷道的安全掘进。

### 5.4.2　矿井三维电法超前探测技术

矿井三维高密度电法超前探测主要是用来探测井下巷道掘进前方地层的地质情况,属于矿井直流电法勘探的范畴。

在井下掘进巷道中通过接地电极进行供电,建立全空间稳定直流电场,该电场的空间分布与巷道周围的地层岩性、结构以及构造等地质因素有关,也就是说,巷道周围的地层岩性、结构以及构造等地质因素,不仅决定了全空间稳定直流电场的空间分布,而且也决定了掘进巷道内的电场分布,这种电场分布形态包含了掘进巷道前方的地质信息。

矿井三维高密度电法超前探测就是通过观测掘进巷道范围内的电场分布形态,进行反演解释巷道掘进前方的地质信息。如果超前探测前方存在陷落柱、导水断层、不明采空区等隐蔽富水的地质构造,由于地层水矿化度较高,导电离子丰富,地层的导电性能会极大增强,电阻率值极大减小,远远低于正常不富水地层,形成低阻异常。

### 5.4.3　超前探测效果分析

数据处理后,得到东翼轨道上山巷道超前探测顶、底板电阻率三维数据体,每个数据体长 300 m,前 150 m(0～150 m)为已掘巷道,后 150 m(150～300 m)为超前探测部分(待掘巷道);数据体宽 40 m,巷道中心轴线位于中间 20 m 位置,左、右两侧各有 20 m 数据显示;顶板数据体高 20 m,代表巷道顶板上 20 m 地层,底板数据体深 20 m,代表巷道底板下 20 m 地层。因此,本次超前探测获得了超前 150 m,上、下、左、右各 20 m 长方体数据。

数据体显示的为地层电阻率对数值,不同电阻率的地层分别用相应色标显示,为便于对比揭示,显示的所有图件采用同一色标。

由于陷落柱、导水断层、不明采空区等隐蔽地质构造及其地层富水均能引起低阻异常,因此超前探测资料解释的主要任务就是寻找巷道前方的低阻异常,根据低阻异常的低阻程度、分布特征解释巷道前方有无水害隐患。

分析东翼轨道上山超前探测顶、底板电阻率三维数据体及其相应切片(图 5-48～图 5-59),掘进迎头前方 20 m 范围(150～170 m 坐标)地层电阻率相对较高,为高阻反映,说明该位置地层富水性相对较差;掘进迎头前方 20～50 m 范围(170～200 m 坐标)地层电阻率逐渐降低,说明该位置地层裂隙发育,富水性增强;掘进迎头前方 50～120 m 范围(200～270 m 坐标)存在明显低阻异常,异常幅度较大,推测地层富水。

根据东翼轨道上山超前探测的资料解释给出以下结论和建议:

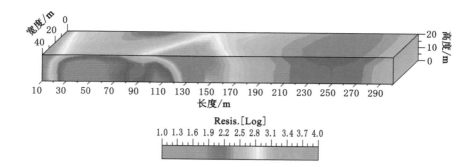

图 5-48　东翼轨道上山超前探测顶板电阻率三维数据体

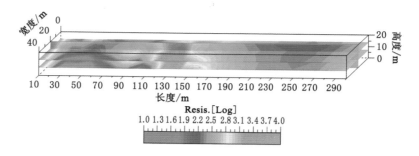

图 5-49　东翼轨道上山超前探测顶板电阻率三维数据体切片技术

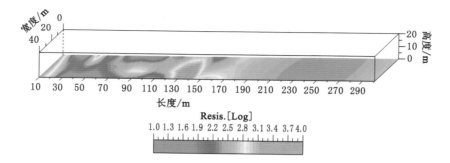

图 5-50　东翼轨道上山超前探测顶板电阻率三维数据体顺层切片(巷道顶板)

（1）掘进迎头前方 20 m 范围内地层富水性不强。

（2）掘进迎头前方 20～50 m 范围内地层裂隙发育,地层富水性逐步增强。

（3）掘进迎头前方 50～120 m 范围内存在地层富水异常区,建议对该异常区进行钻探验证。

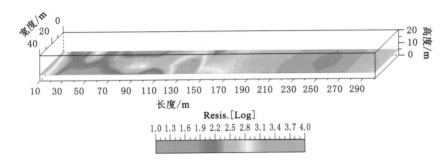

图 5-51 东翼轨道上山超前探测顶板电阻率三维数据
体顺层切片(顶板上 5 m)

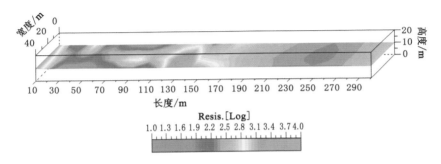

图 5-52 东翼轨道上山超前探测顶板电阻率三维数据
体顺层切片(顶板上 10 m)

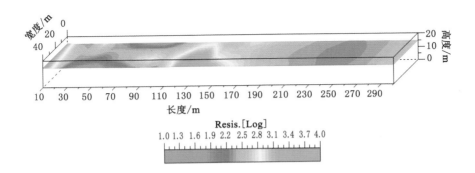

图 5-53 东翼轨道上山超前探测顶板电阻率三维数据
体顺层切片(顶板上 15 m)

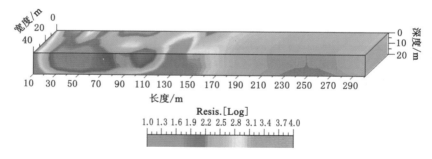

图 5-54　东翼轨道上山超前探测底板电阻率三维数据体

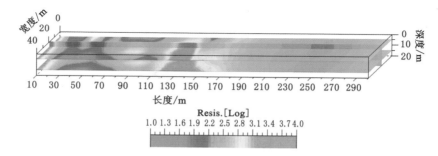

图 5-55　东翼轨道上山超前探测底板电阻率三维数据体切片技术

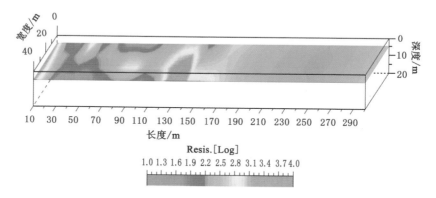

图 5-56　东翼轨道上山超前探测底板电阻率三维数据体顺层切片(底板下 5 m)

　　矿方针对超前探测的结论进行了钻探验证,在掘进迎头前方 48 m 处钻孔突水,出水量 75 m³/h。综合分析认为钻孔突水水源为平楼断层破碎带中水。根据超前探测结论,矿方及时调整了巷道掘进设计,避免了一次巷道掘进极有可能发生的突水事故。

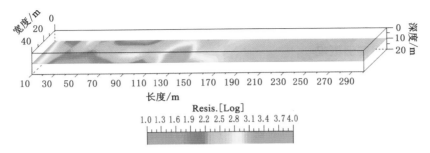

图 5-57 东翼轨道上山超前探测底板电阻率三维数据体顺层切片(底板下 10 m)

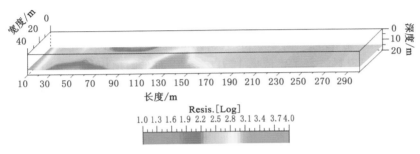

图 5-58 东翼轨道上山超前探测底板电阻率三维数据体顺层切片(底板下 15 m)

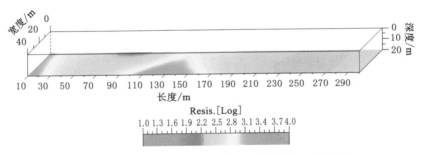

图 5-59 东翼轨道上山超前探测底板电阻率三维数据体顺层切片(底板下 20 m)

# 5.5 矿井巷道侧向探测

矿井井下巷道旁侧常存在导水断层、采空区、火成岩侵入体等富水构造。巷道掘进及工作面开采等人为活动能够引起矿山压力的重新分布,顶、底板岩层遭到破坏并发生运动,在一定情况下巷道旁侧富水构造中的承压水涌入巷道,发生突水事故。应用有效的地球物理探测方法,在巷道空间内查明旁侧存在的富水构造及其富水性,能够起到防止矿井突水的作用。

### 5.5.1　应用实例概况

123$_{下}$03 工作面是山东某煤矿的山西组煤层开采工作面,开采煤层为 3$_{下}$煤层。工作面东侧沿 KF1218 断层布置,断层落差 40～58 m,其富导水性不明。如果断层富水,工作面开采引发工作面围岩运动具备导通 KF1218 断层水的可能。为了确保工作面的安全生产,矿方决定利用矿井三维高密度电法探测技术,查明 123$_{下}$03 工作面东部 KF1218 断层富水性,以便提前采取措施做好防治水工作。

### 5.5.2　侧向探测效果分析

数据处理后得到 123$_{下}$03 工作面东侧顶板地层电阻率三维数据体,数据体长 2 360 m、宽 220 m、高 160 m,数据体范围包含了 KF1218 断层。

顶板地层资料解释主要依据 123$_{下}$03 工作面东侧顶板地层电阻率三维数据体及其顺层切片显示图(图 5-60～图 5-69)。

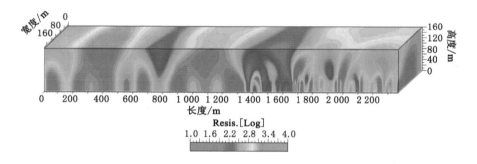

图 5-60　123$_{下}$03 工作面东侧顶板地层电阻率三维数据体

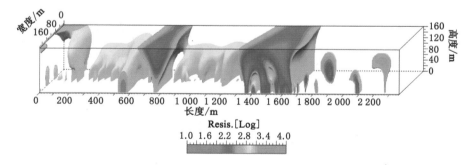

图 5-61　123$_{下}$03 工作面东侧顶板地层电阻率三维数据体低阻异常

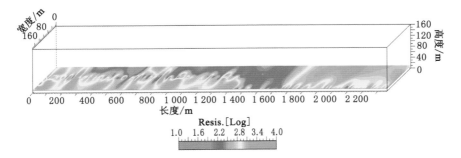

图 5-62 123下03 工作面东侧顶板地层电阻率三维数据体顺层切片(顶板上 10 m)

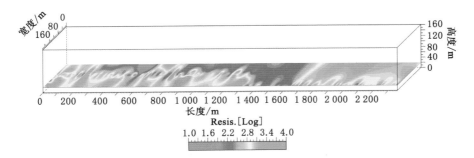

图 5-63 123下03 工作面东侧顶板地层电阻率三维数据体顺层切片(顶板上 20 m)

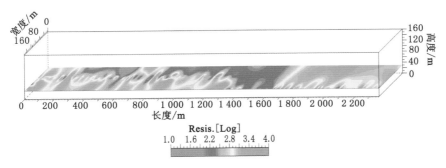

图 5-64 123下03 工作面东侧顶板地层电阻率三维数据
体顺层切片(顶板上 30 m)

在 KF1218 断层位置上存在低阻异常,说明该断层局部富水,富水位置主要集中在工作面中段宽度改变的位置。

图 5-62～图 5-66 分别是顶板上 10 m、20 m、30 m、40 m 和 50 m 的电阻率水平切片。该五个水平切片反映了顶板 50 m 范围内的砂岩含水层富水情

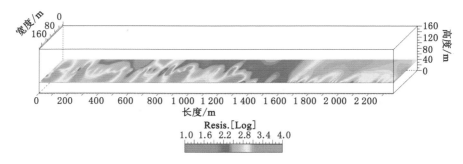

图 5-65　123下03 工作面东侧顶板地层电阻率三维数据
体顺层切片(顶板上 40 m)

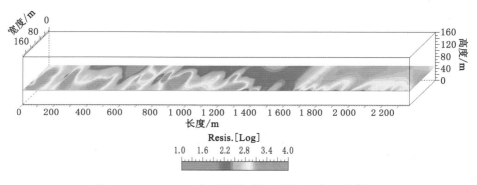

图 5-66　123下03 工作面东侧顶板地层电阻率三维数据
体顺层切片(顶板上 50 m)

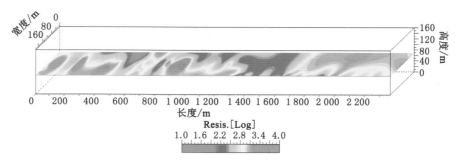

图 5-67　123下03 工作面东侧顶板地层电阻率三维数据
体顺层切片(顶板上 70 m)

况。综合分析这五张水平切片,共发现三处低阻异常区,解释为三处砂岩富水区域,其中内侧两个富水区范围较小,富水高度在顶板上 80 m 范围内,与KF1218 断层有水力联系,工作面中部宽度改变位置富水区范围较大,长度约

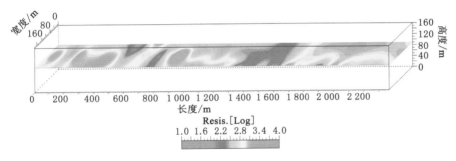

图 5-68　123$_{下}$03 工作面东侧顶板地层电阻率三维数据
体顺层切片(顶板上 90 m)

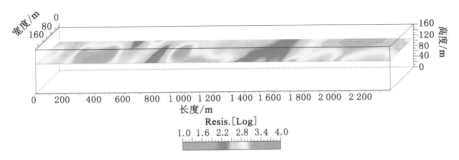

图 5-69　123$_{下}$03 工作面东侧顶板地层电阻率三维数据
体顺层切片(顶板上 110 m)

800 m,KF1218 断层从中穿过,沿断层分布,富水高度在断层位置局部大于
150 m,该富水区与 KF1218 断层有密切水力联系。

## 5.6　工作面底板含水层注浆质量检测

　　肥城煤田太原组煤层与奥灰地层之间存在五灰含水层,五灰厚度约
10 m,裂隙岩溶发育,与下伏的奥灰含水层间距较小,一般存在水力联系。在
太原组煤层与奥灰间距较小,阻止奥灰突水的中间隔水层厚度不足的情况下,
可通过对五灰注浆改造,把五灰含水层变为隔水层,增加隔水层厚度,达到防
止奥灰突水的目的。如果五灰注浆改造存在质量问题,五灰中仍然存在未被
注浆材料充实且与奥灰水存在水力联系的岩溶裂隙,该位置很有可能发生奥
灰突水。三维高密度电法探测技术能够有效地检测五灰注浆改造效果,发现
注浆隐患,并指导现场技术人员对隐患区域进一步进行注浆加固。

### 5.6.1 注浆质量检测实例概况

101002 工作面是肥城曹庄煤矿有限公司第一采区第二个工作面,开采太原组 10 煤层。10 煤层下距五灰 18 m、奥灰 42 m,五灰厚度 11 m。为确保工作面开采不会发生奥灰突水,需对五灰进行注浆加固改造。注浆加固前对该工作面进行了矿井三维高密度电法探测,圈定了五灰岩溶裂隙发育范围,矿方对圈定的范围进行了注浆加固工程。注浆加固完成后又进行了一次矿井三维高密度电法探测。通过对注浆前、后探测结果的对比分析,检测注浆加固效果,寻找注浆质量薄弱区域。

### 5.6.2 注浆质量检测效果分析

为方便对注浆前、后的三维电法探测成果进行对比分析,注浆前、后两次矿井三维高密度电法探测数据采集、数据反演处理、图像可视化等所有环节均采用相同参数。

图 5-70 为工作面注浆前底板地层电阻率三维数据体 18 m 深度顺层切片,代表了注浆前五灰顶部富水性;图 5-71 为工作面注浆前底板地层电阻率三维数据体 29 m 深度顺层切片,代表了注浆前五灰底部富水性。该两张图代表了注浆前五灰的富水性。图 5-72 为工作面注浆后底板地层电阻率三维数据体 18 m 深度顺层切片,代表了注浆后五灰顶部富水性;图 5-73 为工作面

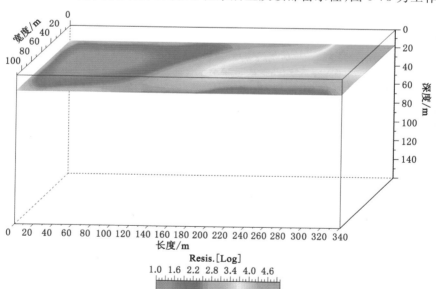

图 5-70　101002 工作面(注浆前)底板地层电阻率
三维数据体 18 m 深度顺层切片(五灰顶)

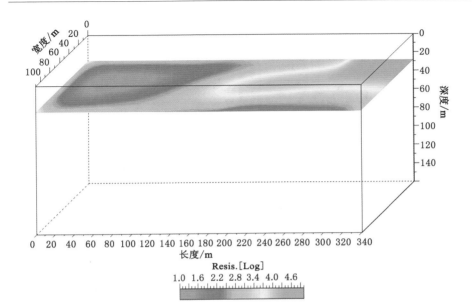

图 5-71　101002 工作面（注浆前）底板地层电阻率
三维数据体 29 m 深度顺层切片（五灰底）

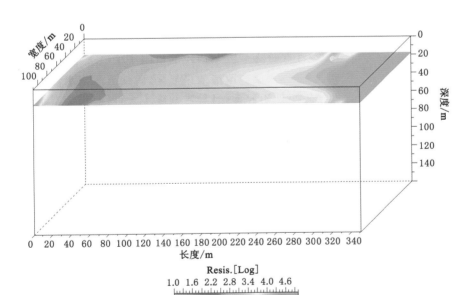

图 5-72　101002 工作面（注浆后）底板地层电阻率
三维数据体 18 m 深度顺层切片（五灰顶）

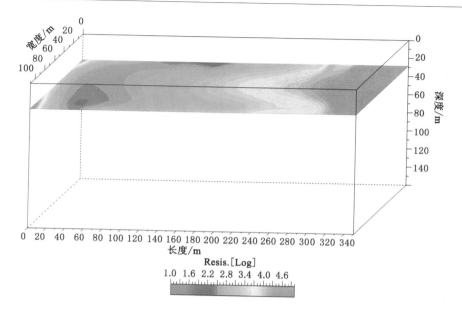

图 5-73　101002 工作面（注浆后）底板地层电阻率
三维数据体 29 m 深度顺层切片（五灰底）

注浆后底板地层电阻率三维数据体 29 m 深度顺层切片，代表了注浆后五灰底部富水性。该两张图代表了注浆后五灰的富水性。对比注浆前、后的五灰层位的四张顺层切片，发现注浆处理后五灰层位的电阻率值显著增强，低阻异常基本消失，说明底板注浆对五灰层位改造效果显著，致使五灰富水性及导水性显著降低。仅存在一处较小低阻异常，且异常幅度不大，可解释为富水性不强的局部地段，同时也视为注浆加固效果不佳部位。为确保工作面开采安全进行，建议对该地段进行进一步注浆加固。

# 5.7　采空区探测

在矿产资源开采过程中会形成大小不一、深度不一、形状各异的采空区，是矿产资源采出后残留地下的空洞。采空区破坏了原始地层的稳定性，其变形不仅能使上覆岩层因失去支撑而下落形成塌陷，引起地表建筑物沉降和地面裂缝，而且还能诱发滑坡、塌方、泥石流等地质灾害，极大破坏了生态环境。应用有效的地球物理探测方法，查明地下采空区的内部结构、分布范围及其稳定性，对采空区的有效治理和确保采空区上人类活动安全具有重要意义。

### 5.7.1　采空区探测实例概况

山东省某高校拟建田径场的位置曾于 20 世纪 50—60 年代进行过铁矿开采活动,存在铁矿采空区,该位置存在地表沉降不均匀、裂缝及塌陷等采空区特征显现,对地面人员活动存在安全隐患。该场地为 140 m×190 m 的近矩形区域,面积 26 600 m²。

应用三维高密度电法探测技术,对探测范围内的不明铁矿采空区进行探测,构建探测范围内的电阻率三维数据体,应用切片技术识别提取不明铁矿采空区异常,解释圈定探测范围内的采空区范围,能够对下一步的治理提供方向和依据。

### 5.7.2　采空区探测效果分析

#### 5.7.2.1　解释原则

完整地下岩矿石导电性比较差,为高电阻率显示。如果地下矿石被开采,开采区及其围岩裂隙发育,裂隙中吸附地下水,地下水富含导电离子,将造成开采区及其围岩导电性增强,电阻率下降,形成低阻异常。开采区充填物松散,富含泥质,电阻率较低,探测位置水位较浅,地下空隙及未被充填的空洞也充满地下水,地下水电阻率较低。

#### 5.7.2.2　资料解释

探测范围长 140 m,宽 190 m,具体见平面图(图 5-74)。

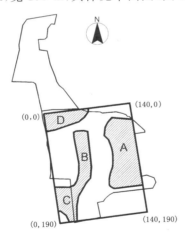

图 5-74　山东某高校拟建田径场采空区分布平面图

资料解释使用矿井三维高密度电法可视化系统,对山东某高校拟建田径场电阻率三维数据体(图 5-75~图 5-78)进行切片处理,在水平切片上识别铁矿开采区低阻异常,为保证解释精度,从地表向下 5 m 间隔进行水平切片,共得到 11 张水平切片(图 5-79~图 5-89)。

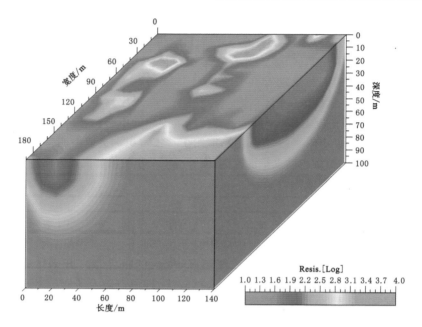

图 5-75　山东某高校拟建田径场电阻率三维数据体

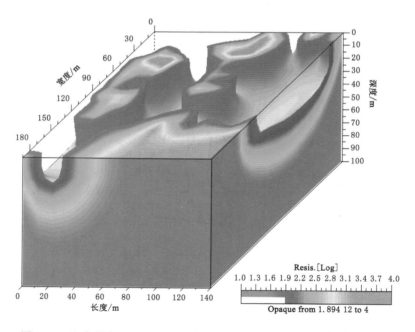

图 5-76　山东某高校拟建田径场电阻率三维数据体低阻异常(南视图)

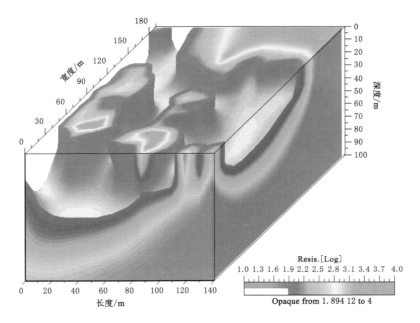

图 5-77　山东某高校拟建田径场电阻率三维数据体低阻异常（北视图）

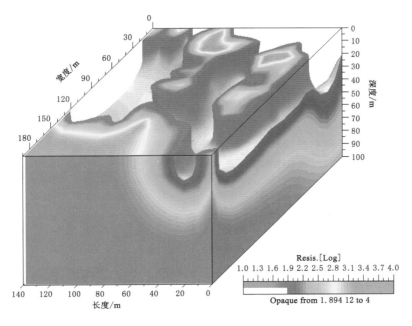

图 5-78　山东某高校拟建田径场电阻率三维数据体低阻异常（西视图）

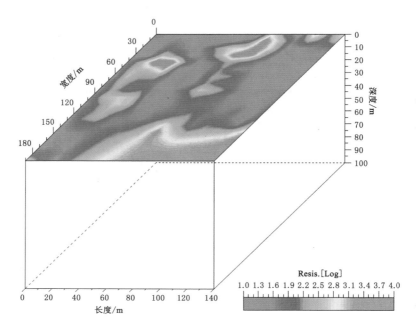

图 5-79　山东某高校拟建田径场电阻率三维数据体水平切片（地表）

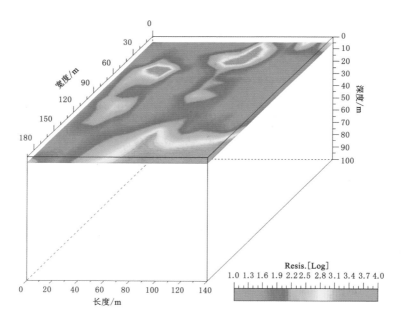

图 5-80　山东某拟建田径场电阻率三维数据体水平切片（5 m 深度）

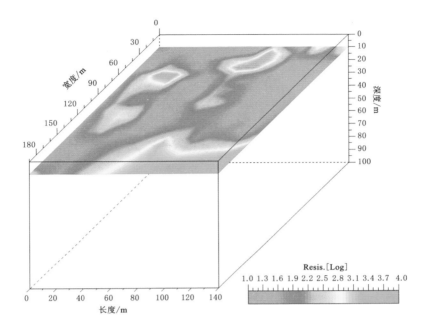

图 5-81 山东某高校拟建田径场电阻率三维数据体水平切片（10 m 深度）

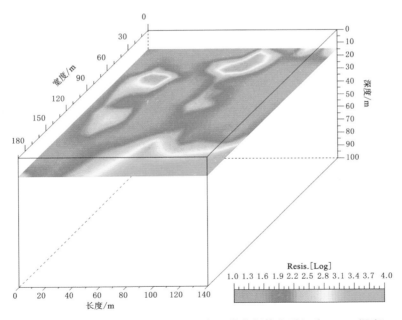

图 5-82 山东某高校拟建田径场电阻率三维数据体水平切片（15 m 深度）

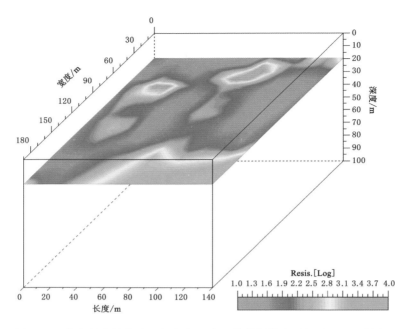

图 5-83  山东某高校拟建田径场电阻率三维数据体水平切片（20 m 深度）

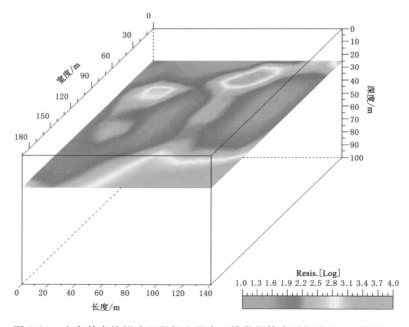

图 5-84  山东某高校拟建田径场电阻率三维数据体水平切片（25 m 深度）

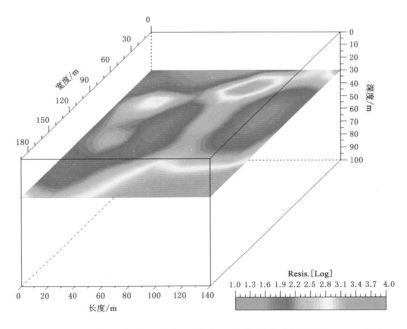

图 5-85　山东某高校拟建田径场电阻率三维数据体水平切片（30 m 深度）

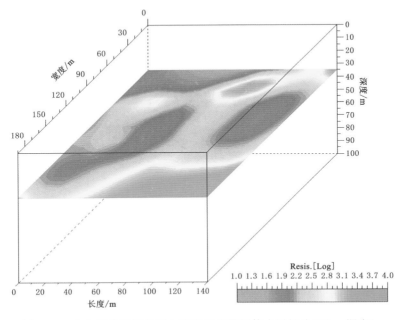

图 5-86　山东某拟建田径场电阻率三维数据体水平切片（35 m 深度）

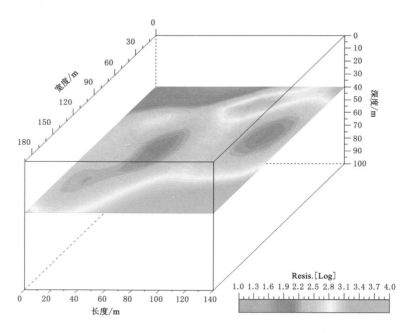

图 5-87　山东某高校拟建田径场电阻率三维数据体水平切片(40 m 深度)

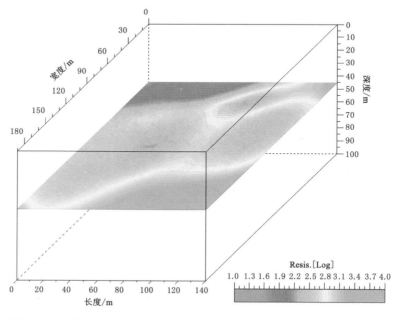

图 5-88　山东某高校拟建田径场电阻率三维数据体水平切片(45 m 深度)

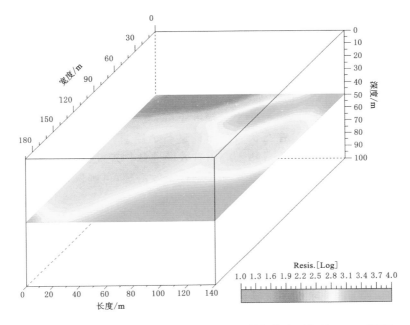

图 5-89  山东某高校拟建田径场电阻率三维数据体水平切片（50 m 深度）

综合分析山东某高校拟建田径场电阻率三维数据体及其切片，在探测范围内共发现四处低阻异常，分别解释为 A、B、C、D 四个铁矿开采区，具体位置见图 5-74。

A 开采区：在探测区域的东部，东西宽约 80 m，南北长约 120 m，最大深度约 40 m，为探测范围内最大的铁矿开采区，该区地面斑裂和地表塌陷严重。

B 开采区：位于探测区域的中部，东西宽约 20 m，南北长约 90 m，最大深度约 40 m。该区在地表未见斑裂和塌陷，就其异常形态分析，该区应该为铁矿开采区。

C 开采区：位于探测区域的西南角，范围不大，与 B 开采区有联系，最大深度约 35 m。该区位于山脚下，不排除为山下冲沟充填，为疑似铁矿开采区，地表无显现。

D 开采区：位于探测区域的西北角，范围不大，最大深度约 50 m。该区位于山脚下，不排除为山下冲沟充填，为疑似铁矿开采区，地表无显现。

为形象观测铁矿开采区的三维空间分布，对电阻率三维数据体剔除了低阻异常，数据体中的"空洞"（图 5-76、图 5-77、图 5-78）基本反映了最初铁矿开采区形态，该图不表示"空洞"为真实空洞，不排除开采区已被充填。

# 5.8　岩溶探测

在我国有大面积的石灰岩分布区。石灰岩在长时间的风化、剥蚀、水动力等因素综合作用下会发生溶蚀现象,形成岩溶裂隙。岩溶裂隙破坏了石灰岩的完整结构,其承载力和稳定性均大幅度下降,在地下水位下降的情况下,极易形成岩溶塌陷。因此,在石灰岩分布区进行道路、桥梁、地面建筑物等工程建设时,受到地下岩溶塌陷威胁。应用有效的地球物理勘探方法,查明石灰岩中的岩溶发育情况,对岩溶裂隙发育区进行有效治理,可确保地面工程建设顺利安全进行。

国内某国际机场建设在大面积的石灰岩分布区,区内属喀斯特地貌,岩溶裂隙发育,为确保机场工程及飞机跑道的安全,需要对地下所有岩溶裂隙进行充填加固处理。充填加固处理前,应用三维高密度电法探测技术查明地下岩溶发育情况及分布范围。

图 5-90 是某国际机场试验区的电阻率三维数据体,数据体长 180 m、宽 100 m、高 140 m,代表最大探测深度 140 m。试验区深部岩溶处于地下水位以下,充满地下水,浅部岩溶被黏土充填,地下水及黏土相对石灰岩来说电阻率均很低,因此数据体中高阻部分代表石灰岩,低阻部分代表岩溶裂隙。图 5-91 为

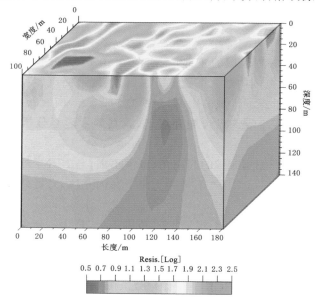

图 5-90　某国际机场试验区电阻率三维数据体

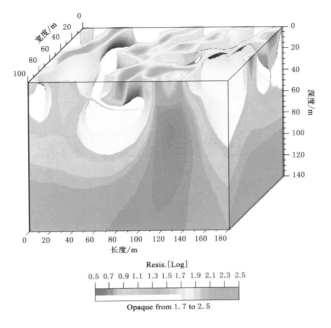

图 5-91 某国际机场试验区电阻率三维数据体低阻异常

电阻率三维数据体低阻异常显示,从数据体中剔除了低阻异常,空洞部分反映了低阻异常的分布,可解释为岩溶裂隙的空间分布。电阻率三维数据体低阻异常生动形象地显示了试验区内岩溶裂隙发育,岩溶通道蜿蜒曲折,四通八达。根据三维电法的探测结论,施工方对试验区进行了开挖验证,开挖出的岩溶裂隙空间分布与三维电法探测结论完全吻合。

# 6　主要结论及创新点

## 6.1　主要结论

（1）矿井三维高密度电法探测数据采集技术

设计出适合煤矿井下环境的矿井三维高密度电法探测数据采集装置排列和观测系统，能够确保最大量地采集井下巷道空间内的电场分布数据信息。

（2）矿井三维高密度电法数据反演理论

开发出矿井三维高密度电法探测电阻率三维反演程序，实现了三维地电空间的真实三维反演计算，能够反演得到电阻率三维数据体。

（3）矿井三维高密度电法可视化成像技术

开发出矿井三维高密度电法探测可视化三维成像程序，应用切片技术能对电阻率三维数据体进行交互显示，精细确定探测目标体的电阻率异常，提高了解释精度。

（4）采煤工作面顶板地层富水性三维高密度电法探测

应用矿井三维高密度电法探测技术，对工作面顶板砂岩地层富水性进行采前探测，最大探测高度可达工作面顶板上 280 m，构建顶板砂岩地层电阻率三维数据体，准确查明煤层顶板地层的富水性及其水力联系，圈定顶板砂岩地层的富水区域。

（5）采煤工作面底板地层富水性三维高密度电法探测

应用矿井三维高密度电法探测技术，对工作面底板奥灰地层富水性进行采前探测，构建工作面底板电阻率三维数据体，利用切片技术，分析电阻率三维数据体内部的低阻异常，查明奥灰地层的岩溶裂隙发育状及富水性，圈定奥灰富水区域。矿井三维高密度电法底板探测最大深度可达 280 m。

（6）工作面顶板地层富水性三维高密度电法动态监测

应用矿井三维高密度电法探测技术，动态监测工作面推进过程中顶板水的运移过程,能够有效地防止工作面开采过程中发生顶板突水。

(7) 巷道掘进三维高密度电法超前探测

巷道掘进前应用矿井三维高密度电法技术,探明掘进迎头前方的不良地质构造及其富水性,能够有效避免巷道突水事故的发生,确保煤矿井下巷道安全掘进。矿井三维高密度电法超前探测最大距离可达 150 m。

(8) 巷道侧向地层富水性三维高密度电法探测

应用矿井三维高密度电法探测技术,在巷道空间内查明旁侧存在的富水构造及其富水性,能够起到防止矿井突水的作用。矿井三维高密度电法侧向探测最大距离可达 200 m。

(9) 工作面底板含水层注浆质量三维高密度电法检测

矿井三维高密度电法探测技术能够检测工作面底板含水层注浆改造质量,发现注浆效果不佳区域,提供进一步进行注浆加固的"靶位",确保注浆改造效果。

(10) 采空区三维高密度电法探测

三维高密度电法探测技术能够查明地下采空区的内部结构、分布范围及其稳定性,这对采空区的有效治理和确保采空区上人类活动安全进行具有重要意义。

(11) 灰岩岩溶三维高密度电法探测

三维高密度电法探测技术能够查明石灰岩中的岩溶发育情况,这为岩溶裂隙发育区进行有效治理,确保地面工程建设顺利安全进行奠定了基础。

# 6.2  创新点

(1) 开发研制出矿井三维高密度电法探测技术

设计出适合煤矿井下环境的矿井三维高密度电法探测数据采集装置排列和观测系统,能够确保"海量"地采集井下巷道空间内的电场分布数据信息;开发出矿井三维高密度电法探测电阻率三维反演程序,实现了三维地电空间的真实三维反演计算,能够反演得到电阻率三维数据体;开发出矿井三维高密度电法探测可视化三维成像程序,应用切片技术能对电阻率三维数据体进行交互显示,精细确定探测目标体的电阻率异常,提高了解释精度。

(2) 矿井工作面顶、底板岩层富水性三维高密度电法探测

应用矿井三维高密度电法探测技术,对工作面顶、底板地层富水性进行采前探测,构建工作面顶、底板地层电阻率三维数据体。利用切片技术,分析电阻率三维数据体内部的低阻异常,查明顶、底板地层中富水构造及其富水性,

圈定富水区域,矿井三维高密度电法顶、底板探测最大高(深)度可达 280 m。

(3)巷道掘进三维高密度电法超前探测

巷道掘进前应用矿井三维高密度电法探测技术,探明掘进迎头前方的不良地质构造及其富水性,能够有效避免巷道突水事故的发生,确保煤矿井下巷道掘进安全进行。矿井三维高密度电法超前探测最大距离可达 150 m。

(4)工作面开采过程中顶板地层富水性三维高密度电法动态监测

利用矿井三维高密度电法探测技术,实现了工作面推进过程中顶板水运移的动态监测,为工作面开采过程中顶板水害防治提供了依据。

# 参 考 文 献

[1] 白海波.奥陶系顶部岩层渗流力学特性及作为隔水关键层应用研究[J].
岩石力学与工程学报,2011,30(6):1298.

[2] 陈斌文,龚剑平,嵇其伟.高密度电阻率法空洞探测的数据处理方法[J].
路基工程,2009(1):175-177.

[3] 陈兆炎,苏文智,郑世书,等.煤田水文地质学[M].北京:煤炭工业出版
社,1989.

[4] 程久龙,张磊鑫,王玉和,等.地表浅部导水通道的高密度电阻率成像法精
细探测研究[J].煤炭学报,2006,31(增刊):67-69.

[5] 程新阳,翟培合,殷国强,等.直流电法在矿井水害防治中的应用[J].能源
与环保,2018,40(5):17-20.

[6] 储绍良.矿井物探应用[M].北京:煤炭工业出版社,1995.

[7] 邓超文.高密度电法的原理及工程应用[J].韶关学院学报,2007,28(6):
65-67.

[8] 高航,沈光寒,李白英.矿压及水压对煤层底板突水的影响[J].煤田地质
与勘探,1987(3):37-42.

[9] 高卫富,施龙青,于小鸽,等.矿井三维电法对封闭不良钻孔的探测[J].湖
南科技大学学报(自然科学版),2017,32(3):6-9.

[10] 高卫富,施龙青,翟培合,等.电阻率动态监测技术在矿井中的应用研究
[J].煤炭技术,2015,34(5):12-14.

[11] 高卫富,翟培合,施龙青.三维高密度电法在煤矿斑裂区探测中的应用
[J].工程地球物理学报,2011,8(1):34-37.

[12] 高卫富,翟培合,肖乐乐,等.环工作面三维直流电阻率法研究及应用
[J].地球物理学报,2020,63(9):3534-3544.

[13] 高延法,李白英.受奥灰承压水威胁煤层采场底板变形破坏规律研究
[J].煤炭学报,1992,17(2):32-39.

[14] 高延法,于永辛,牛学良.水压在底板突水中的力学作用[J].煤田地质与勘探,1996,24(6):37-39.

[15] 高延法.煤层底板破坏深度统计分析[J].煤田地质与勘探,1988(1):38-41.

[16] 郜延红,周云轩,刘万崧.地球物理位场可视化建模初步探讨[J].长春科技大学学报,2000,30(2):185-189.

[17] 葛亮涛.关于煤矿底鼓水力学机制的探讨[J].煤田地质与勘探,1986(1):33-38.

[18] 弓培林,胡耀青,赵阳升,等.带压开采底板变形破坏规律的三维相似模拟研究[J].岩石力学与工程学报,2005,24(23):4396-4402.

[19] 管伟光.体视化技术及其应用[M].北京:电子工业出版社,1998.

[20] 郭建军,窦源东.开采对矿柱及围岩扰动破坏规律的数值模拟研究[J].黄金,2008,29(6):30-35.

[21] 郭惟嘉,刘杨贤.底板突水系数概念及其应用[J].河北煤炭,1989(2):56-60.

[22] 何淑军,吴树仁,孙进忠,等.高密度电法在西气东输施工道路料场勘查中的应用[J].地质通报,2008,27(6):904-911.

[23] 侯忠杰.组合关键层理论的应用研究及其参数确定[J].煤炭学报,2001,26(6):611-615.

[24] 胡戈,李文平,刘启蒙,等.综放开采过断层顶板破坏规律数值模拟[J].能源技术与管理,2008,33(1):1-3.

[25] 黄庆享.浅埋煤层长壁开采顶板控制研究[J].岩石力学与工程学报,1999(3):290.

[26] 贾蓬,唐春安,王述红.巷道层状岩层顶板破坏机理[J].煤炭学报,2006,31(1):11-15.

[27] 贾喜荣,李海,王青平,等.薄板矿压理论在放顶煤工作面中的应用[J].太原理工大学学报,1999,30(2):179-183.

[28] 贾喜荣,杨永善,杨金梁.老顶初次来压后的矿压裂隙带[J].山西煤炭,1994(4):21-22.

[29] 贾喜荣,翟英达,杨双锁.放顶煤工作面顶板岩层结构及顶板来压计算[J].煤炭学报,1998,23(4):366-370.

[30] 姜福兴,宋振骐,宋扬.老顶的基本结构形式[J].岩石力学与工程学报,1993,12(4):366-379.

[31] 姜福兴,张兴民,杨淑华,等.长壁采场覆岩空间结构探讨[J].岩石力学

与工程学报,2006,25(5):979-984.

[32] 姜福兴.薄板力学解在坚硬顶板采场的适用范围[J].西安矿业学院学报,1991(2):12-19,28.

[33] 姜福兴.采场顶板控制设计及其专家系统[M].徐州:中国矿业大学出版社,1995:205-212.

[34] 姜福兴.采场覆岩空间结构观点及其应用研究[J].采矿与安全工程学报,2006,23(1):30-33.

[35] 姜福兴.岩层质量指数及其应用[J].岩石力学与工程学报,1994,13(3):270-278.

[36] 姜耀东,刘文岗,赵毅鑫,等.开滦矿区深部开采中巷道围岩稳定性研究[J].岩石力学与工程学报,2005,24(11):1857-1862.

[37] 荆自刚,李白英.煤层底板突水机理的初步探讨[J].煤田地质与勘探,1980(2):51-56.

[38] 康立勋.大同综采工作面端面漏冒及其控制[D].徐州:中国矿业大学,1994.

[39] 孔德森,蒋金泉,范振忠,等.深部巷道围岩在复合应力场中的稳定性数值模拟分析[J].山东科技大学学报(自然科学版),2001,20(1):68-70.

[40] 矿山压力研究室.矿山压力和岩层控制理论的研究[J].山东矿业学院学报,1983(2):9-19.

[41] 黎良杰,钱鸣高,李树刚.断层突水机理分析[J].煤炭学报,1996,21(2):119-123.

[42] 黎良杰,钱鸣高,殷有泉.采场底板突水相似材料模拟研究[J].煤田地质与勘探,1997,25(1):33-36.

[43] 黎良杰,殷有泉,钱鸣高.KS结构的稳定性与底板突水机理[J].岩石力学与工程学报,1998,17(1):40-45.

[44] 黎良杰,殷有泉.评价矿井突水危险性的关键层方法[J].力学与实践,1998,20(3):34-36.

[45] 黎良杰.采场底板突水机理的研究[D].徐州:中国矿业大学,1995.

[46] 李白英,荆自刚.受奥灰承压水威胁煤层安全开采的初步研究[J].山东矿业学院学报,1980(1):65-82.

[47] 李白英,沈光寒,荆自刚,等.预防采掘工作面底板突水的理论与实践[J].煤矿安全,1988(5):47-48.

[48] 李白英.预防矿井底板突水的"下三带"理论及其发展与应用[J].山东矿业学院学报(自然科学版),1999,18(4):11-18.

［49］李白英.中国煤矿井水文地质类型的划分及防治水对策［J］.山东矿业学院学报,1982(1):133-157.

［50］李常松,翟培合,韩进.三维高密度电法在工作面底板富水性探测中应用［J］.山东煤炭科技,2015(7):154-156.

［51］李殿臣,刘庆顺.综采放顶煤工作面矿压显现规律研究［J］.河北煤炭,2000(1):28-30.

［52］李国富.高应力软岩巷道变形破坏机理与控制技术研究［J］.矿山压力与顶板管理,2003,20(2):50-52.

［53］李加祥,李白英.受承压水威胁的煤层底板"下三带"理论及其应用［J］.中州煤炭,1990(5):6-8.

［54］李抗抗,王成绪.用于煤层底板突水机理研究的岩体原位测试技术［J］.煤田地质与勘探,1997,25(3):31-34.

［55］李文喜,翟培合,陈金昊,等.直流电法在煤矿防治水中的应用［J］.煤炭技术,2018,37(7):211-213.

［56］李文喜,翟培合,张旭志.基于瞬变电磁法的煤层富水性应用研究［J］.山东煤炭科技,2017(9):156-157.

［57］李晓斌,张贵宾,贾正元.新型分布式高密度电法仪器发展瞻望［J］.地质装备,2008,9(3):32-34,31.

［58］李晓昌.在MATLAB平台上实现可控源音频大地电磁反演数据三维可视化显示［J］.物探化探计算技术,2007,29(增刊1):68-71,12.

［59］李颜贵,刘子龙,罗水余.三维高密度电法用于工程勘查的试验［J］.煤田地质与勘探,2009,37(6):71-73.

［60］林崇德.层状岩石顶板破坏机理数值模拟过程分析［J］.岩石力学与工程学报,1999,18(4):392-396.

［61］林海飞,李树刚,成连华,等.基于薄板理论的采场覆岩关键层的判别方法［J］.煤炭学报,2008,33(10):1081-1085.

［62］林振民,陈少强.三维可视化技术在固体矿产中的应用［J］.物探化探计算技术,1994,16(4):338-344.

［63］刘广责,姬刘亭,王志强.采场上覆关键层弹性薄板断裂条件判定［J］.煤炭工程,2009(7):83-86.

［64］刘鸿泉,王作宇.采场底板承压水运动［J］.河北煤炭,1992(4):196-201.

［65］刘其声.关于突水系数的讨论［J］.煤田地质与勘探,2009,37(4):34-37,42.

［66］刘树才,岳建华,刘志新.煤矿水文物探技术与应用［M］.徐州:中国矿业

大学出版社,2007.

[67] 刘树才.煤矿底板突水机理及破坏裂隙带演化动态探测技术[D].徐州:中国矿业大学,2008.

[68] 刘天佑.地球物理勘探概论[M].北京:地质出版社,2007:168-171.

[69] 吕玉增,阮百尧.高密度电法工作中的几个问题研究[J].工程地球物理学报,2005,2(4):264-269.

[70] 罗国煜,王培清,陈华生,等.岩坡优势面分析理论与方法[M].北京:地质出版社,1992.

[71] 罗国煜,吴浩.工程勘察中的新构造-优势面分析原理[M].北京:地质出版社,1991.

[72] 马志飞,刘鸿福,叶章,等.高密度电法不同装置的勘探效果对比[J].物探装备,2009,19(1):52-55,67.

[73] 茅献彪,缪协兴,钱鸣高.采动覆岩中关键层的破断规律研究[J].中国矿业大学学报,1998,27(1):39-42.

[74] 煤炭部北京科学研究院水文地质研究室.淄博煤田南部矿区徐家庄石灰岩含水及疏干的水文地质探讨[J].水文地质工程地质,1960(2):3-7,11.

[75] 煤炭科学研究院北京开采研究所.煤矿地表移动与覆岩破坏规律及其应用[M].北京:煤炭工业出版社,1981:43.

[76] 缪协兴,陈荣华,白海波.保水开采隔水关键层的基本概念及力学分析[J].煤炭学报,2007,32(6):561-564.

[77] 缪协兴,钱鸣高.采场围岩整体结构与砌体梁力学模型[J].矿山压力与顶板管理,1995(3/4):3-12,197.

[78] 牟宗龙,窦林名.坚硬顶板突然断裂过程中的突变模型[J].矿山压力与顶板管理,2004,21(4):90-92,75,118.

[79] 牛超,施龙青,肖乐乐,等.2001—2013年煤矿生产事故分类研究[J].煤矿安全,2015,46(3):208-211.

[80] 牛超,施龙青,肖乐乐,等.电位观测系统中近场效应的影响[J].湖南科技大学学报(自然科学版),2015,30(2):80-86.

[81] 牛建立.煤层底板采动岩水耦合作用与高承压水体上安全开采技术研究[D].北京:煤炭科学研究总院,2008.

[82] 潘俊锋,齐庆新,史元伟.综放开采顶板岩层垮断特征的3DEC模拟研究[J].煤矿开采,2007,12(1):4-7.

[83] 浦海,缪协兴.采动覆岩中关键层运动对围岩支承压力分布的影响[J].岩石力学与工程学报,2002,21(增刊2):2366-2369.

[84] 浦海.保水采煤的隔水关键层模型及力学分析与应用[D].徐州:中国矿业大学,2007.

[85] 祁民,张宝林,梁光河.高密度电法的三维数据场可视化[J].地球物理学进展,2006,21(3):981-986.

[86] 钱鸣高,缪协兴,许家林.岩层控制中的关键层理论研究[J].煤炭学报,1996,21(3):225-230.

[87] 钱鸣高,缪协兴.采场矿山压力理论研究的新进展[J].矿山压力与顶板管理,1996(2):17-20,72.

[88] 钱鸣高,缪协兴.采场上覆岩层结构的形态与受力分析[J].岩石力学与工程学报,1995,14(2):97-106.

[89] 钱鸣高,石平五.矿山压力与岩层控制[M].徐州:中国矿业大学出版社,2003.

[90] 钱鸣高,赵国景.老顶断裂前后的矿山压力变化[J].中国矿业学院学报,1986(4):11-19.

[91] 钱鸣高.采场上覆岩层的平衡条件[J].中国矿业学院学报,1981(2):31-40.

[92] 钱鸣高.采场上覆岩层岩体结构模型及其应用[J].中国矿业学院学报,1982(2):1-11.

[93] 秦道霞.陈蛮庄煤矿煤层异常区形成机理及对开采影响的研究[Z].肥城:肥城矿业集团单县能源有限责任公司,2018.

[94] 沈光寒,李白英,吴戈.矿井特殊开采的理论与实践[M].北京:煤炭工业出版社,1992:52,56-72.

[95] 施龙青,高卫富,翟培合,等.三维电法在工作面底板富水区探测及注浆中的应用[J].煤炭工程,2015,47(11):54-57.

[96] 施龙青,韩进.开采煤层底板"四带"划分理论与实践[J].中国矿业大学学报,2005,34(1):16-23.

[97] 施龙青,宋振骐.采场底板"四带"划分理论研究[J].焦作工学院学报(自然科学版),2000,19(4):241-245.

[98] 施龙青,尹增德,刘永法.煤矿底板损伤突水模型[J].焦作工学院学报,1998,17(6):403-405.

[99] 施龙青.底板突水机理研究综述[J].山东科技大学学报(自然科学版),2009,28(3):17-23.

[100] 施龙青.突水系数由来及其适用性分析[J].山东科技大学学报(自然科学版),2012,31(6):6-9.

[101] 史红,姜福兴.采场上覆岩层结构理论及其新进展[J].山东科技大学学报(自然科学版),2005,24(1):21-25.

[102] 史红,姜福兴.综放采场上覆厚层坚硬岩层破断规律的分析及应用[J].岩土工程学报,2006,28(4):525-528.

[103] 宋林君,翟培合.矿井瞬变电磁法在探测煤矿顶板富水性中的应用[J].科技创新与应用,2017(5):58-59.

[104] 宋伟,翟培合,徐西滨,等.三维高密度电法在矿井水害防治中的应用[J].现代矿业,2020,36(12):207-209.

[105] 宋振骐,宋扬,刘义学,等.关于采场支承压力的显现规律及其应用[J].山东矿业学院学报,1982(1):1-25.

[106] 宋振骐.采场上覆岩层运动的基本规律[J].山东矿业学院学报,1979(1):64-77.

[107] 宋振骐.实用矿山压力控制[M].徐州:中国矿业大学出版社,1988.

[108] 苏宝欣,翟培合,张钊,等.三维高密度电法在煤矿顶板砂岩水探测中应用[J].煤炭技术,2021,40(3):43-45.

[109] 隋旺华.开采覆岩破坏工程地质预测的理论与实践[J].工程地质学报,1994,2(2):29-37.

[110] 隋旺华.山东金乡矿区煤层开采覆岩破坏及地表沉陷预测[C]//魏群.水电与矿业工程中的岩石力学问题:中国北方岩业力学与工程应用学术会议文集.北京:科学出版社,1991:541-548.

[111] 孙家鹏,翟培合,宋林君.三维地震勘探技术在内蒙矿区的运用[J].科技创新与应用,2015(21):143-144.

[112] 谭云亮,孙中辉.矿区岩层运动非线性动力学特征及预测研究的基本框架[J].中国地质灾害与防治学报,2000,11(2):51-54.

[113] 谭云亮,王泳嘉,朱浮声.矿山岩层运动非线性动力学反演预测方法[J].岩土工程学报,1998,20(4):16-19.

[114] 谭云亮.矿山压力与岩层控制[M].北京:煤炭工业出版社,2008.

[115] 谭云亮.矿山岩层运动非线性动力学特征研究[D].沈阳:东北大学,1996.

[116] 唐春安,徐曾和,徐小荷.岩石破裂过程分析RFPA2D系统在采场上覆岩层移动规律研究中的应用[J].辽宁工程技术大学学报(自然科学版),1999,18(5):456-458.

[117] 汪南平.浅层地震和高密度电法在隧道勘察中的应用[J].中国科技财富,2008(12):43,42.

[118] 王崇革,宋振骐,石永奎,等.近水平煤层开采上覆岩层运动与沉陷规律相关研究[J].岩土力学,2004,25(8):1343-1346.

[119] 王春生,于爱军,樊战军,等.高密度激发极化法的数据处理[J].物探与化探,2010,34(1):111-114.

[120] 王红卫,陈忠辉,杜泽超,等.弹性薄板理论在地下采场顶板变化规律研究中的应用[J].岩石力学与工程学报,2006,25(增刊2):3769-3774.

[121] 王经明.承压水沿煤层底板递进导升突水机理的物理法研究[J].煤田地质与勘探,1999,27(6):40-43.

[122] 王敏,刘玉,牟义,等.多装置矿井直流电法巷道超前探测研究及应用[J].煤炭学报,2021,46(增刊1):396-405.

[123] 王莹,梁德贤,翟培合.采动影响下煤层覆岩电性变化规律研究[J].煤炭科学技术,2015,43(5):122-125,105.

[124] 王永红,沈文.中国煤矿水害预防及治理[M].北京:煤炭工业出版社,1996.

[125] 王宇玺,肖宏跃,雷宛,等.高密度电法探测未知目标体的技术及其效果[J].工程勘察,2009,37(11):86-90.

[126] 王振安,薛承凤,尹家俊,等.回采工作面底板矿压显现规律的研究[J].煤炭科学技术,1982(7):11-16.

[127] 王自民.高密度电阻率法的应用[J].科技创业月刊,2010,23(7):139-140.

[128] 王作宇,刘鸿泉,王培彝,等.承压水上采煤学科理论与实践[J].煤炭学报,1994,19(1):40-48.

[129] 王作宇,刘鸿泉.采空区应力、覆岩移动规律与顶底板岩体应力效应的一致性[J].煤矿开采,1993(1):38-44.

[130] 王作宇,刘鸿泉.底板空间剩余完整岩体极限抗水压能力的分析计算[J].岩石力学与工程学报,1994,13(4):319-326.

[131] 王作宇,刘鸿泉.论煤层底鼓出水[J].煤田地质与勘探,1989(2):41-44,72-73.

[132] 王作宇,刘鸿泉.煤层底板突水机制的研究[J].煤田地质与勘探,1989(1):36-39.

[133] 王作宇,张建华,刘鸿泉,等.承压水上近距煤层重复采动的底板岩体移动规律[J].煤炭科学技术,1995,23(2):9-12.

[134] 王作宇.底板零位破坏带最大深度的分析计算[J].煤炭科学技术,1992(2):2-6,60-61.

［135］王作宇.煤层底板岩体移动的"零位破坏"理论［J］.河北煤炭，1988(4)：36-39.

［136］王作宇.煤层底板岩体移动的"原位张裂"理论［J］.河北煤炭，1988(3)：29-31.

［137］魏久传，李白英.承压水上采煤安全性评价［J］.煤田地质与勘探，2000，28(4)：57-59.

［138］魏久传，尹会永，郭建斌，等.深矿井采煤工作面底板动态监测、破坏规律及突水定位预测［Z］.青岛：山东科技大学，2016.

［139］武强，赵苏启，李竞生，等.《煤矿防治水规定》编制背景与要点［J］.煤炭学报，2011，36(1)：70-74.

［140］肖宏跃，雷宛，雷行健.高密度电阻率法中几种装置实测效果比较［J］.工程勘察，2007，35(9)：65-69.

［141］肖乐乐，魏久传，牛超，等.掘进巷道构造富水性电法探测综合应用研究［J］.煤矿开采，2015，20(3)：21-24.

［142］肖立军.高承压复杂水文地质条件下精细探查与注浆效果动态监测综合防治技术研究［Z］.肥城：肥城白庄煤矿有限公司，2019.

［143］徐西滨，翟培合，张钊，等.频谱激电测深法在贵州某金矿勘查中的应用［J］.有色金属工程，2021，11(2)：92-97,109.

［144］许家林，钱鸣高.覆岩关键层位置的判别方法［J］.中国矿业大学学报，2000，29(5)：463-467.

［145］许家林，钱鸣高.岩层控制关键层理论的应用研究与实践［J］.中国矿业，2001，10(6)：54-56.

［146］许家林.岩层移动与控制的关键层理论及其应用［D］.徐州：中国矿业大学，1999.

［147］许学汉，王杰，等.煤矿突水预报研究［M］.北京：地质出版社，1991.

［148］闫少宏，贾光胜，刘贤龙.放顶煤开采上覆岩层结构向高位转移机理分析［J］.矿山压力与顶板管理，1996(3)：3-5,72.

［149］闫少宏，吴健.放顶煤开采顶煤运移实测与损伤特性分析［J］.岩石力学与工程学报，1996，15(2)：155-162.

［150］杨天鸿，唐春安，谭志宏，等.岩体破坏突水模型研究现状及突水预测预报研究发展趋势［J］.岩石力学与工程学报，2007，26(2)：268-277.

［151］姚裕春.高水平应力软岩巷道围岩变形机理及支护对策［D］.西安：西安科技学院，2002.

［152］殷国强，翟培合，秦鹏一，等.高密度二极三维直流电法超前探测研究

[J].煤炭技术,2017,36(10):190-192.

[153] 殷国强,翟培合,宋林君,等.伪三维高密度电法矿井探水技术[J].煤矿安全,2018,49(1):100-103.

[154] 殷国强,翟培合,万豪,等.三维直流电法在煤矿防治水中的应用[J].煤炭技术,2018,37(11):227-229.

[155] 尹尚先.煤层底板突水模式及机理研究[J].西安科技大学学报,2009,29(6):661-665.

[156] 于小鸽,施龙青,魏久传,等.采场底板"四带"划分理论在底板突水评价中的应用[J].山东科技大学学报(自然科学版),2006,25(4):14-17.

[157] 查剑锋,郭广礼,刘元旭,等.矸石变形非线性及其对岩层移动的影响[J].煤炭学报,2009,34(8):1071-1075.

[158] 翟培合,陈金昊,高卫富,等.高密度三维直流电法超前探水应用研究[J].煤炭技术,2018,37(12):127-129.

[159] 翟培合,任科科,张钊,等.基于比较法消除巷道影响的三维电法超前探测技术[J].煤矿安全,2021,52(7):67-71,78.

[160] 翟培合,张钊,高卫富.三维高密度电法煤矿探水技术改进[J].煤矿安全,2019,50(11):80-83.

[161] 翟培合.采场底板破坏及底板水动态监测系统研究:电阻率CT技术在煤矿中的开发应用[D].青岛:山东科技大学,2005.

[162] 翟所业,张开智.用弹性板理论分析采场覆岩中的关键层[J].岩石力学与工程学报,2004,23(11):1856-1860.

[163] 张健元,李玉山.国外矿山防治水技术与实践[Z].鞍山:冶金工业部鞍山黑色冶金矿山设计研究院,1983.

[164] 张金才,刘天泉.论煤层底板采动裂隙带的深度及分布特征[J].煤炭学报,1990,15(2):46-55.

[165] 张金才,肖奎仁.煤层底板采动破坏特征研究[J].煤矿开采,1993(3):44-49.

[166] 张金才,张玉卓,刘天泉.岩体渗流与煤层底板突水[M].北京:地质出版社,1997.

[167] 张金才.煤层底板的采动影响特征[M].北京:中国展望出版社,1990.

[168] 张金才.煤层底板突水预测的理论判据及其应用[J].力学与实践,1990(2):35-38.

[169] 张金才.煤层底板突水预测的理论与实践[J].煤田地质与勘探,1989,17(4):38-41,71.

[170] 张鲁珩,翟培合,宋永文.瞬变电磁法大定回线源装置实验研究[J].科技创新与应用,2016(8):16-17.

[171] 张鲁珩,翟培合.瞬变电磁法数据处理流程研究[J].科技创新与应用,2016(21):93.

[172] 张文泉,刘伟韬,张红日,等.煤层底板岩层阻水能力及其影响因素的研究[J].岩土力学,1998,19(4):31-35.

[173] 张钊,翟培合,刘宇翔,等.超高密度电法在煤矿底板水动态监测中的应用[J].煤矿安全,2021,52(9):96-101.

[174] 张钊,翟培合,徐西滨,等.时间域激发极化法在新疆木苏萨拉铜矿勘查中的应用[J].有色金属工程,2020,10(5):67-72.

[175] 赵冠宇,王敬,翟培合,等.基于 COMSOL Multiphysics 数值模拟的矿井直流电法超前探测研究[J].煤炭技术,2018,37(8):177-179.

[176] 赵颖,雷创锋.高密度电法在工程勘察中的应用[J].施工技术,2009,38(增刊1):477-480.

[177] 中国煤矿劳保学会水害防治专业委员会,煤炭科学技术情报研究所.第3届国际矿山防治水会议论文集[C].[出版地不详]:中国煤矿劳保学会水害防治专业委员会,煤炭科学技术情报研究所,1990.

[178] 周东霞.高密度电法在工程地质探测中的应用[J].中国西部科技,2011,10(11):21-22,37.

[179] 朱鲁,翟培合,魏久传,等.工作面底板动态监测系统开发研究[J].矿业安全与环保,2008,35(3):57-58.

[180] 朱维申,何满潮.复杂条件下围岩稳定性与岩体动态施工力学[M].北京:科学出版社,1995:5-26.

[181] 訾宪印,翟培合.瞬变电磁法在煤矿采空区勘探中的应用[J].内蒙古煤炭经济,2015(10):221-222.

[182] 訾宪印,翟培合.瞬变电磁法在探测井下顶板富水性中的应用[J].科技创新与应用,2015(27):64.

[183] BIENIAWSKI Z T. Floor design in underground coal mines[J]. Rock mechanics and rock engineering,1989,22(4):249-271.

[184] BOISSONNAT J D. Shape reconstruction from planar cross sections [J]. Computer vision, graphics, and image processing, 1988, 44(1):1-29.

[185] GALE W J. Strata control utilising rock reinforcement techniques and stress control methods, in Australian coal mines [J]. International

journal of rock mechanics and mining sciences & geomechanics abstracts,1991,28(4):A254.

[186] HOU C J,HE Y N,ZHANG Y D,et al. Key technique to compositely supporting the roadway driven along previous goaf with bolts,bars and chain meshes under complex conditions[J]. Journal of coal science & engineering (China),1995,1(1):62-66.

[187] JIANG J Q,BAN J S. Probability distribution characteristic parameters and method to predict the deformation of surrounding rocks of extraction openings[J]. A. A. Balkema/Rotterdam/Brook field,1997,10:2135-2146.

[188] KUSCER D. Hydrological regime of the water inrush into the Kotredez Coal Mine (Slovenia, Yugoslavia)[J]. Mine water and the environment,1991,10(1):93-101.

[189] KUZNETSOV S V,TROFIMOV V A. Hydrodynamic effect of coal seam compression[J]. Journal of mining science,2002,38(3):205-212.

[190] LEVOY M. Display of surfaces from volume data[J]. IEEE computer graphics and applications,1988,8(3):29-37.

[191] MIRONENKO V,STRELSKY F. Hydrogeomechanical problems in mining[J]. Mine water and the environment,1993,12(1):35-40.

[192] MOKHOV A V. Fissuring due to inundation of coal mines and its hydrodynamic implications[J]. Doklady earth sciences,2007,414(1):519-521.

[193] MOTYKA J,PULIDO-BOSCH A. Karstic phenomena in calcareous-dolomitic rocks and their influence over the inrushes of water in lead-zinc mines in Olkusz region (South of Poland)[J]. International journal of mine water,1985,4(2):1-11.

[194] PENG S S. Coal Mine Ground Control(3rd edition)[M]. 徐州:中国矿业大学出版社,2013.

[195] QIAN M G,HE F L. The behavior of the main roof in longwall mining. Weighting span,fracture and disturbance[J]. Journal of mine,metal&fuels,1989:240-246.

[196] QIAN M G,MIAO X X,LI L J. Mechanical behaviour of main floor for water inrush in longwall mining[J]. Journal of China University of Mining and Technology,1995,5(1):9-16.

[197] QIAN M G. A study of the behaviour of overlying strata in longwall

mining and its application to strata control[C]//Proceedings of the Symposium on Strata Mechanics. Amsterdam:Elsevier,1981:13-17.

[198] RIBIČIČ M,KOČEVAR M,HOBLAJ R. Hydrofracturing of rocks as a method of evaluation of water, mud, and gas inrush hazards in underground coal mining [C]//4th IMWA, Ljubljana (Slovenia)-Pörtschach(Austria),September,1991.[S. l. :s. n. ],1991:291-303.

[199] SAMMARCO O, ENG D. Spontaneous inrushes of water in underground mines[J]. International journal of mine water,1986,5(3):29-41.

[200] SAMMARCO O. Inrush prevention in an underground mine[J]. International journal of mine water,1988,7(4):43-52.

[201] WANG J M,GE J D,WU Y H,et al. Mechanism on progressive intrusion of pressure water under coal seams into protective aquiclude and its application in prediction of water inrush[J]. Journal of coal science & engineering (China),1996,2(2):9-15.

[202] WANG J M, LI J S, GAO Z L. Coupling model of two phase flow in a fracture-rock matrix system and its stochastic feature analysis[J]. Journal of coal science & engineering,1998,4(1):5-10.

[203] WOLKERSDORFER C,BOWELL R. Contemporary reviews of mine water studies in Europe,part 1[J]. Mine water and the environment,2004,23(4):161-182.

[204] WOLKERSDORFER C,BOWELL R. Contemporary reviews of mine water studies in Europe,part 3[J]. Mine water and the environment,2005,24(2):2-37,58-76.

[205] WOLKERSDORFER C,SAXONY F. Mine water notes[J]. Mine water and the environment,2004,23:54-55.

[206] YIN S X,ZHANG J C. Impacts of karst paleo-sinkholes on mining and environment in northern China[J]. Environmental geology,2005,48:1077-1083.

[207] ZHANG J C,PENG S P. Water inrush and environmental impact of shallow seam mining[J]. Environmental geology,2005,48:1068-1076.

[208] ZHANG J C,SHEN B H. Coal mining under aquifers in China:a case study[J]. International journal of rock mechanics and mining sciences,2004,41(4):629-639.

[209] ZHANG J C. Investigations of water inrushes from aquifers under coal seams[J]. International journal of rock mechanics and mining sciences, 2005,42(3):350-360.